大展好書　好書大展
品嘗好書　冠群可期

大展好書　好書大展
品嘗好書　冠群可期

健康加油站39

青春期智慧

朱雅安　主編

大展出版社有限公司

前言

從語源來說，青春期的定義，就是由發毛，尤其是陰部的發毛開始。從生理學上來說，就是性成熟時，所必要經過的階段。

性的成熟，對女性來說，就是指最初的月經來潮開始，從這個時候起，這個女孩子就邁入了青春期的階段。

對男性來說，則是指第一次的射精行為開始，可是這種狀況一般說來要比女孩子的生理現象更具秘密性，因為男生是在夢遺的狀態中發洩出來，因此其過程並不明顯。

無論男女，這種頭一遭的性表現，雖然和先前的生理狀態有著明顯的差異，但也不能僅以這種狀況來判斷性的成熟。性的成熟，還必須有生殖能力的配合才可以的。可是最初的幾次月經並沒有排卵。而男性最初的射精，在精液中也並沒有精子。因此在我國的民法上規定，適婚齡較青春期稍微延後。

與異性相處，進入青春期的男女，開始對異性發生濃厚的興趣，女性往往充滿著夢和幻想，男性則話題始終圍繞在女性的身上，因此，也有人把這個時期叫做「思春期」。

青春期，並不是什麼意外的事故，每個人都必須經過的。性的「成長」時期，很早就開始進行了，只不過在生命的全部過程中，繼續的發展為性的「成熟」結果罷了。所以，青春期只不過是人生的一種過程而已。

但經過青春期以後，無論在身體上或精神上都會產生重要的變化，一躍從小孩時期邁向成人階段。

這個時候，在身體的外觀上首先發生變化。身體的體重會增加，而成長為配合男性或女性差異的體格。青春期的身體會出現幾項特徵，都是在青春期過程中慢慢演變而成的。其它身體內部的器官也發生變化，並且產生了新的律動。

青春期的精神徬徨原因，比身體上的變化更難了解，因此時常引起各方面人士的眾說紛紜，莫衷一是。但是，令人一點都不懷疑的素質性條件也是存在的，有時候會覺得出生後最初的年齡的體驗是很重要的，不過青春期的一些問題，往往對其一生會有決定的影響。

本書充滿著探討現代年輕人的問題，尤其是對現代年輕人的心理，有「自我的形成」和「社會的對抗」更深一層的摸索。如此的把困擾的內面性問題，活生生的刻劃出來。因此，無論是對年輕人，或對與這代年輕人有代溝問題的上一輩的人來說，本書確實有鏡子般的功用。

例如性的問題、學校教育問題、自我的問題、適應的問題等，都是年輕人無可避免的會觸到的困擾問題。對這些問題的探討，都能夠用細膩的、冷靜的眼光來分析觀察。有些部分的說明，對年輕人來說，也許太刻薄了。可是這也是對年輕人太了解才得到的結論，所以相信本書，能夠得到年輕人的共鳴。

可是，青春期的問題，也會隨著時代的演變而改變，就好像人類歷史的演變一般，時常推新除舊。作者們一方面對現代年輕人的心理有詳細的說明，同時對從古代一直沿襲下來的古老問題也有深刻的描述。

換句話說，對於青春期身體方面或性方面的發育，以及關於病理方面的探討，都有詳加介紹。因此，無論是對家庭的父母、教育家、心理學家、精神科醫生，或一般醫生，都提供豐富的有關青春期發展的知識。

目錄

第二章　生理機能的構造

第三章　青春期引起的生理混亂

第四章　特殊的疾病症狀

第五章　青春期的心理

第六章 給成長中的孩子

第一章　青春期——青少年的正常狀態

一、何謂青春期

所謂青春期，就是當兒童要發育成長為成人時，所產生的變化，在一定時期裏，按照某種秩序，且有適當的節奏下，完全表現出來的成長必經過程。這樣的定義，表面上看來也許太過離題，不過在青春期階段裏，要維持對事實密切的觀察，比定義下得多好、多正確都更重要。

青春期的變化，是持續性的。在這個階段裏，當然也有各種的標準。在實際的觀察上，心理醫生往往注意觀察一些有價值的部分。可是活生生的身體，是有連帶性的一個整體，其中就包括著附屬性和本質性的部分，很有秩序地相互連續著。

因此，一般的判斷，還是依平均值來說的，但平均值對個別特殊的例子，常是沒多大意義的。事實上，正常的身體，就有某種程度的恆常性。重要的是，如何在每部分沒有失去平衡的限度下，達到成長的目的。而這方面的成果，總是要靠最後的成績才能判定。

青春期的變化，在身體和精神二方面是同時並進的。在人為上也可以某程度的分成二者來說明，但二者是密不可分的，因此，一定要注意二者之間競合而難以區分的部分。為了說明的方便，便不得不把它劃分為二來說明，所以，本書的第一章，只是從青春期身體的側面加以說明。

在青春期身體方面的變化，男女各有其特徵，主要是靠男性和女性性腺的作用。不過，有些變化也是男女共通的，例如身體的成長。但要注意的是，這些變化都和男女的性腺分泌有關。

換句話說，雖然男女間有其相似性，但不是同一性。

在青春期的發展中，最初的徵候，女孩子大約在十歲～十四歲之間；男孩子大約是在十二歲～十七歲之間。這個數字有範圍的理由，是因為每人天生的素質本來就不相同，並且對於外在環境的差異，也不能不考慮在內。例如，某人營養較不良，則進入青春期的年齡就會遲緩。所以本書的編著，是針對目前的社會經濟水準來討論。

青春期的變化，在男女關於性的方面，是平行進行的，並且在青春期結束以前，幾乎是按照一定的秩序來成長。一般說來，女子比男子要成熟得早。

二、女孩子的性發育

女孩子性器官的發育，從小陰唇到大陰唇的發達就可以看出來。在大陰唇方面，最初出現了陰膜，同時色素會變較深。陰核也會變大，本來垂直的陰戶，也會逐漸的成為水平的狀態，而隱藏在大陰唇下。這個時候，腹部裏的子宮也會逐漸變大，並且會向前屈曲。膣的黏膜狀態也開始產生了變化。從組織細胞學來說，這時也起了很大的變化。

換句話說，在膣的黏膜上皮產生了皺紋，並且在分泌液中存在著某種桿菌。這是因為分泌液的酸度，由於肝澱粉變得豐富的關係而呈現酸性，所以，分泌液也會形成白帶。

對這種發展，倘若做有關膣黏膜的顯微鏡標本，就能夠清楚的發現。本來喜鹼性狀態的基底細胞或中層細胞，就把位置讓給了喜好酸性的表層細胞。

和以上各項變化平行發育的卵巢，也會增加容積，同時產生卵子的卵泡也會漸趨成熟。最初的月經來潮，大概是在十二歲到十五歲之間出現。這種現象，對女子的性發育來說，是很有意義的現象。不過，月經的週期還要一段時間才能夠固定。

乳房的發育，一般說來，是青春期變化中的特徵之一。

一個女孩子，快到十一歲時，乳頭就會開始突出，乳暈也會同時的擴大，由於乳腺的隆起，乳暈會增加色素。因而從十三歲～十五歲之間，乳房的輪廓就會漸趨明顯。

從組織學來說，十三歲～十五歲的時候，女孩子的乳房是單一的乳細管複雜集合，所以要發育長大之後，才有腺胞狀的組織。

陰部的發毛，大致上，從十歲～十二歲之間產生的。

最初只有長出疏疏落落的幾根細毛，然後才逐漸的長出，終於把外陰部完全覆蓋起來，這個時候不僅長的稠密，同時也會呈捲曲狀。陰毛的全體狀態，就是一邊為水平的倒三角形。腋下長出來的腋毛，一般比陰毛少。大部分在初經來臨的六個月到八個月前才開始長出。

關於發毛組織的變化，幼兒性的雛毛，幾乎完全從身體上消失，這是可以讓人察覺到的。在這種變化的過程中，頭髮也會變得更豐富，使顏面似乎也和以前有所不同。

三、男孩子的性發育

男孩子到十一歲左右時，睪丸便會開始發育，這是青春期的初期變化。而這種變化將會一直持續到十八歲左右。

這種變化最初是由精細管的發育開始。精細管先擴大，出現基底膜，然後隨著中心部分放射線狀發育，而直徑也隨著增大。本來單一存在的精原細胞，便會附上了精母細胞。

歇爾托里（Sertoli Enrico）要素（睪丸內的精細管細長的支持細胞，就叫做歐爾托里細胞。而在歐爾托里細胞的一端，會附著精芽細胞，而到達成熟的狀態。歐爾托里，是義大利一位有名的組織學者，一八四二～一九一〇年）也會開始分化。但精子的生成，至少要經過三年時間，才會有完全的功用，否則在精液中不會有精子的生成。

對萊迪席的間質細胞（即會分泌男性荷爾蒙的細胞）來說，這種細胞從一生下來，即嬰兒時期就存在著，可是後來會消失，到了青春期，才又開始發育成小島狀，這個時候，也才逐漸的能清楚的看出。

隨著這些變化，第二性徵也會同時平行的發長。換句話說，男人的陰莖，會變成又大又長；而陰莖中的海綿體和空洞體也會增加。陰莖的皮膚也會開始逐漸的肥厚，並且表面會產生了皺紋，色素也會越變越深，同時附屬性腺——前列腺、性囊、考巴氏腺——也會發育。

從十三歲開始，就能夠產生最初的射精行為。可是，一般的情況，從十三歲開始，到十六、七歲前的精液中，並沒有精子存在。

男性的陰毛，大概在十四歲時，就會開始出現於陰莖的基部，然後逐漸的擴大，以至於陰部的全體都會有陰毛，有的人甚至沿著腹部中間線繼續生長達到肚臍。陰毛長成以後，一般的形狀是約略成菱形狀態，不過，這大約是青春期結束以後。

腋毛在十五歲～十六歲的時候，就會開始出現。除了陰毛、腋毛外，男性還會在四肢的表面、臉、胸部、腹部陸續發毛，這是男性的特徵，不過這種現象並非人人皆同，會因個人、種族的不同而有相當的差異。

對於男女二性來說，男子的性成熟，會附帶著皮膚色素的沈著，同時汗腺和脂腺，也會發育。

四、體格、體力、形態的變化

1. 體格的變化

女子從十歲到十四歲，男子從十二歲到十七歲，身高的發育就會加速，其速度是原來成長速度的二倍。換句話說，在第二小兒期（三歲～六歲）一年大概增加四～五公分，到了這個時期，男子一年之中，就會成長七～十二公分，女子就會增加六～七公分。

在前青春期以後，也就是和性的開發同時，成長的速度將會逐漸減慢，可是發育的停止，則還是二、三年以後。這種體格上的發育，就有促進和徐緩的二種情況，這也是青春期的特徵。一般說來，女性總是比男性較早開始進入青春期，同樣的也較早結束。有些女子在十歲以前身高不如男孩子高，可是到了十五歲時，一下子就超過同齡男孩子的身高。

對於體格的發育，並不是身體各部位都同時成長的。在青春期以前，體格上最明顯的發育部位，主要是在下肢的部位。而到了十五歲以後，骨骼的成長就發生了急遽的變化。主要成長的部分，以背柱、軀幹和脖子最為明顯。

和青春期的骨骼變化有關的是，所有的骨骼部分，尤其是骨盆的變化，此是男女間差異最大的部分。幼兒的骨盆，比肩膀的寬度狹窄。男孩子到青春期前都維持著這種狀況。

十歲～十四歲的男孩子，「肩膀間的距離」對「骨盆的寬度」之比例是一．三五。女孩子從九歲開始，骨盆就開始增大，到了十一歲以後，這種現象更為明顯。隨著骨盆的擴大，陰部的入口也變大了。同時骶骨部分的彎曲也增大。十四歲的女孩子，「肩膀間的距離」對「骨盆的寬度」之比例則為一．二八。

頭蓋骨的末端也起了大變化，不過比起身體其它部分的變化，增加的程度還算少。頭部和身高的比例，在九歲以前，頭部是身高的六分之一。可是過了十六歲後，就變成七分之一。十二歲到十三歲時，劍骨（這是胸骨下端的小頭骨。此在小孩子時期，成軟骨的狀態，到了成人之後才變為硬骨）的發育，是表示男性特徵之一。

關於牙齒，在青春期階段中，並沒有多大變化。大概在十二、十三歲時，會長出第二臼齒，而過了十七歲，才會長出第三臼齒來。

使骨組織接連成長的化骨點，在青春期前就存在著，到了十三歲才會顯示出拇指頭的總稚骨。而這時期的特徵就是，長骨結合部之大部分的軟骨會逐漸癒合。這種現象的發展過程，可以從X光照片來追蹤。而此種現象，在青春期的整個過程中，就可看到成長的徐緩化，以及成長的停止，這是一般正常狀況。而且女子總是比男子早熟。

骨的成熟現象，可以看到如下的二種：

——拇指的種子骨會出現。

——第一中手骨，第二指骨，以及下端的軟骨會消失。

2. 體力的發達

體重和身高同樣在青春期階段會增加許多，而女孩子一般比較早開始。由於身體的構成要素增加，因此體重也隨著增加。而其主要原因，是肌組織和骨組織的發育。

男孩子和女孩子的肌肉發育情形並不相同，對男孩子而言，這是一段很重要的時期。男子的體力，在這個時候就會超過女子。關於脂肪組織，對於從八歲到青春期的小孩子來說，大部分是以規則性的增加。而這種現象，到了急速長高的時期，相對的就又會緩和下來。

男孩子在這個階段，脂肪組織反而會減少；而女孩子脂肪增加的速度也會緩和下來。但是到了青春期末期的時候，脂肪的蓄積又開始增加了，對於這一點，男女都差不多。只是對於脂肪組織的分佈狀況，男女性還是不大一樣的。

在十五歲以前，男女性都有同樣的皮下脂肪，但是到了青春期以後，年輕女性下半身的脂肪組織就會慢慢增加，而男子皮下脂肪增加的位置，從十五歲開始，就逐漸的移到上方，而且這種現象會持續到三十歲前後。

這種形態學的研究結果，可以用線圖來表示。這樣的方法，在最近幾年間有許多學習者從事著這項的研究。這些形態表，非常具有價值性，同時由圖示中顯出來的不調和，給臨床醫學提供了對病偶發症候良好的指針。這些研究的結果，可以幫助診斷和治療。

而從另一觀點來說，這種類型學對這些年齡的男女性，都是由「一過性」的特徵上所構成出來，所以有時候也無法從圖表中看出實際上有價值的東西。

體格和體力的標準，數十年來，由於國民生活水準提高，營養豐富，衛生醫藥進步，確實發生了很多變化，男女的平均身高和體重，都比以前提高許多。

五、器官的變化

重要的身體機能，都和青春期的變化息息相關。

肺的發育，重量增加為出生時的九倍，肺活量明顯增加，至二十歲時可達二八〇〇毫升。使呼吸的節奏緩和，並且能夠使吸進的有用空氣容量增加，呼吸功能日趨完善。

呼吸的形式，在小孩子時期，總是運用腹式呼吸。在女子，就是上胸部的呼吸，男子就是胸—腹式呼吸。

大概從十四歲到十五歲的時候，喉頭就會發生變化，女子是垂直徑增加，所以聲帶相對之下，就會縮短；可是在男子，會因喉頭的突出而凸起，聲帶也相對的拉長了，因此，此時男子的聲音就轉為低沉。

心臟—血管系統，都會配合著青春期的各種變化，而跟著變化。有不少學者，對這一方面從事過研究，研究的結果，表示心臟的重量增加至出生時的十倍，心肌增厚。可是右心室相對的因作業而肥大，到了十六歲時，才會完全消失。對於這種現象，可以從心電圖中確實的看出來。還有會有呼吸性不整脈、心悸亢進、脈搏的不安定性等等。

由此可見，自律神經性的不均衡狀態。自律神經的不均衡，在此階段中，身體範圍的各部位都會頻頻發生。總而言之，心臟，血管系統的機能，因為在青春期尚未達到完全的成熟，所以，對於運動方面的劇烈活動應多加注意。

神經系統的發育，大約在第二小兒期（三～六歲）就已發展完成了。在青春期的人，其腦波（E、E、G）有和成人完全一樣的波型，不過比成人來得不穩定。腦的重量及容量變化不大，但神經系統的結構已接近成年。此時期思維活躍，對事物的反應能力、分析能力及記憶能力增強。例如就呼吸來說，相當的敏感（在腦波的檢查上，也有一種方法，能夠看得到過呼吸的波型變化）。

關於青春期的基礎代謝，這時期比兒童時期更低。根據塔爾波特的研究，對於十二歲的女孩，在二十四小時中，就必須耗費三十一卡路里（每公斤），但是到了十七歲時，則又降低到二十一卡路里（每公斤）。此時卡路里的必要量，比兒童時還要少。可是成人的話，依據研究結果顯示，成人在一天之內須耗費三十七卡路里（每公斤），對十六歲的青年，則為四十七卡路里。

在青春期時要完成身體組織的構造，而且要配合身體基礎的活動性，從青春期卡路里的需要量就可以看出來這種情況。成長是需要有份量性，同時也要有品質性的。而身體的成長和內分泌的代謝以及內分泌的產生情況，有著密切的關係，必須這二者調配好，才能夠達到身體的平衡。

在這些狀況的反應下，也牽涉到一些生物學上的恆常性。即小孩和成人間的差異，男性和女性間的差異，這是很自然就存在的。這種差異性要依據參考基準來解釋，但這種參考基準對於各年齡的男女來說，有時候也是不能適用的。

在生物學的實驗上，腦下垂體，性腺激素（內分泌），對於尿中的排泄實驗最為重要。

青春期以前，還是看得到少量的性腺激素（腦下垂體內分泌）出現於尿中，而其份量為三單位（二十四小時，使用老鼠的試驗）以下。而此種份量的增加，是出現在形態上變化以前的最初青春期間所呈現出來的現象。尿中的含量，則依時間的秩序和個人的體質，而有相當的差異。通常在五～二十五單位之間（二十四小時，使用老鼠的試驗）。

從放射—免疫學方面，所計量的血清中之卵泡刺激激素（腦下垂體所分泌的性腺刺激激素的一種，以下用FSH的簡稱來表示）的份量就隨著青春期而上升。青春期的進展最初二時期和最後二時期間的高數值，還是有差異的。可是納基、維特、布里塞爾等研究學者，證明FSH的血清中和尿中的含量間，具有相同性，以及和17甾酮類（ketosteroid）的相關性，存在著許多無法解釋的疑問。並且個人間的差別也頗大。

尿中甾酮類的份量，是用來測定男子睪丸性和副腎性雄激素（睪丸副腎，能夠產生男性內分泌）的代謝物質。其平常的排泄量，九歲小孩，大約一．二～一．三毫克（二十四小時）；九歲～十二歲，大約有一．九～二．二毫克；十三歲則大約有三毫克。17甾酮類是副腎所產生的東西，長大以後就變成由副腎和睪丸一起來生成。其份量是以規則性的增加，到了十八歲時，平均量就到達十四毫克（一天），此時就和成人同量。

可是個人間的差異也頗大，依色層分析之劃分檢查來說，固醇核的第十一位並沒有氧氣原子，而且，表示硫黃原子結合的劃分時期之17甾酮類，還是占著優勢，和此種情況同時進行的睪丸素（Testosterone）的生產和排泄量，也有急速增加的現象。

睪丸雄激素——這種激素在尿中的份量，無論男女，在十歲時，一天大約是一毫克，可是到了青春期階段，男子就上升到四毫克。

女子的17甾酮類，完全是由副腎所產生的，到了十三歲時，一天大約平均值有四毫克，並且和男子不同的是，從此以後，都不會再增加了。

副腎雄激素，在青春期時也會增加，但增加量男女並不相同，根據M．魯隆的研究，對這一方面有如下的說明：

——以二十九位女子為對象，六歲到十三歲之間的平均值，大約是二百三十r，並且是固定的；到了十四歲就急劇的上升，到了十五歲時就已達到了九百r之多。

——男子平均值的上升現象，很晚才出現，而且上升不多。縱使上升，也不會超過五百二十r。

尿中的雌激素（estrogenic，女性內分泌的一種），對十一歲到十三歲的女子來說，一天大約有五r的份量，可是到了第一次月經來潮的年齡，一下子就突然增加了很多。在還沒有排卵的月經期間，一天大約有二十r，可是排卵之後，一下子一天就上升到六十r。在青春期以前，只排泄微量的孕二醇，但到了女子出現月經以後，就開始有慢慢上升的趨勢。男子也會排泄少量的雌激素，一般說來，一天有五r為最多。

17甾酮類的排泄，在青春期中表示出來的曲線圖並沒有改變，但會隨著年齡的增加而有進展。實際上若依身體表面積的比例來比較，青春期前的幾年間，排泄量反而有減低的趨勢，然後才維持相同的數量。

血清中和蛋白結合的碘的份量，到了青春期也沒有變化，這是從出生之後就固定的。大致上，在每一百毫升中就有九r，而且這個數值，到了成人時還是同樣。

現按照放射—免疫學的方法，就能夠正確的計量出成長激素（腦下垂體前葉所分泌出來的激素），而這種激素，集中於血清中，即使到了青春期間也沒有增加的現象，平均值大約是〇·五五r（每公升），此從第二幼兒期（三歲到六歲）到成人時，都保持同樣的數值。個人間的差異也相當多，所以這種平均量，只有對於某種明顯的病症，才有意義。

六、激素的解說

以下記述有關激素。可是此項對於一般讀者來說，也許會因為比較專門性而感到索然無味。所以，在這裏只對於和身體成長以及性方面有關的激素，提出來做簡單的說明。

1. 腦下垂體

從解剖學來說，這部分可分為前葉和後葉，最有問題的是，從前葉所分泌出來的激素，從前葉分泌出來的激素大約有六種：

①成長激素（STH）

從試驗中已經確定此種激素，對動物成長有不可分的關係。並不是能加速成長，而是能夠影響成長期的長短。若人的成長情況發生障礙，這種激素不是決定性的因素，並且此種激素對胎兒的成長，也不能發生作用的。

②其他前葉的內分泌，彼此互相作用的結果，也會調整其他激素分泌激素的情況。比如說，甲狀腺刺激激素（TSH）、副腎皮質刺激激素（ACTH）、性腺刺激激素等是屬於這種。而最後的性腺刺激激素，又可分為卵泡刺激激素（FSH）、黃體刺激激素（LH）、黃體成熟激素（同時也是催乳激素，LTH）。男性的話，和卵泡刺激激素功用相同的部分，就會刺激到男激素的分泌。

2.甲狀腺

甲狀腺所分泌的激素，具有調整身體新陳代謝的功能，對我們身體的發育有很大的影響。它能夠控制神經作用的平衡，和調節緊張的作用。甲狀腺細胞，能使血液中的一種胺基酸固著。並且此種激素也能和蛋白相結合，進入膠質中，然後此種細胞又把激素取回來，讓它流入血液之中。

3. 睪　丸

睪丸是一種混合性的腺體。一部分把精子送入精細管中（外分泌），而其餘部分則是內分泌腺的間質組織，能夠分泌出男性激素。此種內分泌屬於類固醇（steroid）激素的一種，即睪丸素。

4. 卵　巢

從卵巢的卵泡中，能夠分泌出動情激素的卵泡激素（雌激素）。而從排卵後的卵泡變化的組織之黃體，就會產生黃體激素。黃體激素，有使子宮黏膜適應妊娠狀態的功用，也有抑制子宮出血的作用。換句話說，它也具有抑制月經排出量的作用。

女性所以有月經的週期，是因為腦下垂體的卵泡刺激激素（FSH），黃體刺激激素（LH），以及和卵巢中的這二種女性激素交互作用的結果，才產生月經週期。

此時期卵巢開始分泌雌激素及少量雄激素，排卵後分泌孕激素。性激素經由血循環到達全身，出現第二性徵，內、外性器官開始發育。

5. 副腎皮質

副腎位於腎臟的上面，可是它的功能卻和腎臟毫無關係，這是專司激素的器官。副腎又可分為外側的皮質和內側的髓質二部分。其和性方面有關的是皮質部分。副腎皮質所分泌的激素，它的化學構造以及功能，都和性激素有密不可分的關係，並且均屬於類固醇的一種。從尿中可以分析出這種激素，也可以用人工來合成。這種皮質的細胞，其固醇核能夠附著著各種化學機能的作用，慢慢的發生化學變化而產生各種生理作用。

到目前為止，能夠從副腎皮質中抽出來的類固醇激素大約有五十種之多。而其作用，大致可分成如下三大類：

類固醇激素

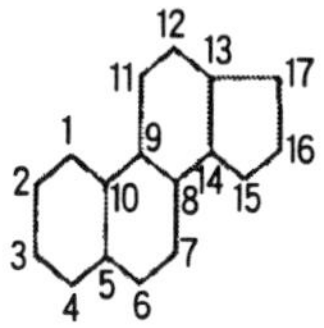

固醇核

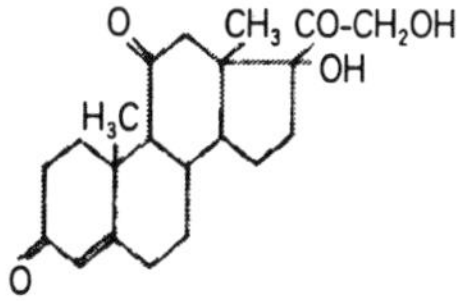

11—氧化腎上腺皮質酮

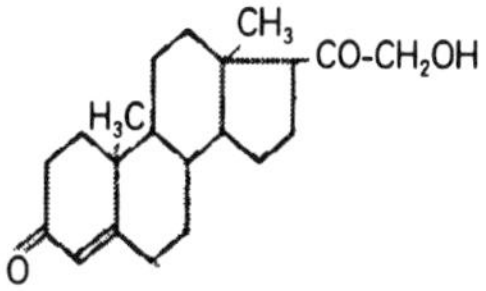

11—去氧腎上腺皮質酮

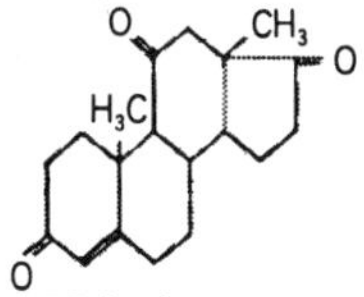

腎上腺固酮

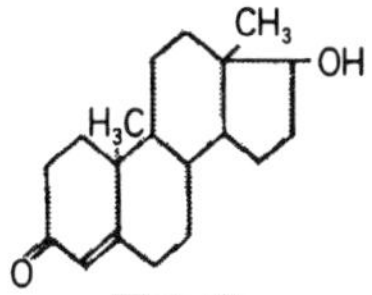

睪丸素

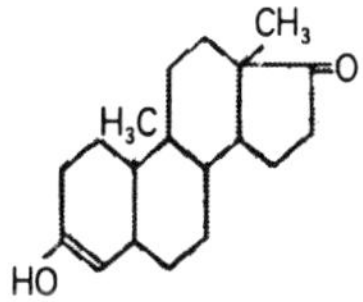

雄性酮

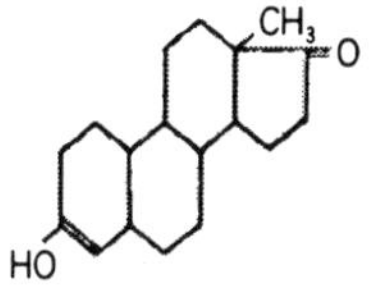

雌性酮

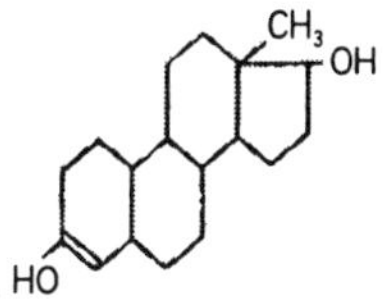

雌素二酮

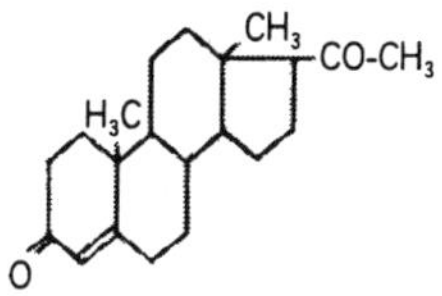

黃體激素

①氧化類固醇激素

此是指固醇核中3的位置。有O原子，11的位置有O或OH原子。其作用和蛋白質、脂肪、碳水化合物等三大營養素之新陳代謝有關。11—氧化類固醇激素，主要也是皮質內分泌的形式，其作用能調節糖的新陳代謝。

②去氧類固醇激素

即固醇核11的位置，沒有O原子，也沒OH原子的情形。其作用和體內礦物質（納、鈣、鉀、磷等等）的新陳代謝有關。

③副腎皮質的性激素（性類固醇）

此種激素包含各種類固醇，含有男性內分泌，或者雄性激素，就是在固醇核17的位置，具有CO基，稱為17甾酮類，其中的一類型很接近真正的睾丸激素。在這些副腎皮質的性激素之中，也存在有女性的激素，比如說包括有卵泡激素，一般的發情激素，或者黃體激素的類似物質。

第二章　生理機能的構造

人的身體，在青春期時會發生很大的變化，並且部分的變化常會導致全體的變化，其間存在著息息相關的關連性。所以，對其中的某構成要素有所作用，往往也會引起其他方面的反應。我們這種片段性的研究報告，只能對身體的發展，提供一些點面性的資料而已，無法顧及全體。

況且為了了解青春期種種跡象，而運用的補外法或實際觀察外部所呈現的行為，只能提供相對的有用性罷了，無法全盤性的解決各種問題。而在青春期的特殊變化中，也許存在著某種功能或特殊的東西。參考人類生活中的其他階段，或參考比較生理學，也能夠找出相對性的價值。

一、一般的機能構造

關於青春期的發展，在各種作用的影響下，複雜的展開一切有關青春期的活動，其發展為接續性的，並且各個階段裏，按照形形色色的水準而演變。

在體組織或身體器官，由於一連串如網目般的反應結果，在外觀上就能視覺出他的變化。而在這一連串的變化中，最讓人一目了然的就是性器官、骨骼和肌肉、皮膚和五官等部分的成長變化。

此時，身體各部位還是如平常一般的作用著。而上述的這些末梢器官，有的被命名為「效果器」，有的被稱「受容器」，這是為了方便了解。所以用這二種命名的方式，也是因為這些器官表達活動的功用。實際上最後目的達成，還是要靠基本器官的運作活動。

這種末梢組織的效果器，從另一觀點來看也是受容器，而其能力倘若沒有外部的刺激，那麼，就會繼續睡眠的狀態。

在此時期內分泌腺的功能是十分重要的，尤其是對青春期，更是重要。而且在這半世紀中，才漸揭開內分泌腺其神秘的面紗，而有重大的發現。

依此觀點，首先要知道支配人一生的內分泌腺的基本知識。其中最重要的是腦下垂體前葉，這個部分是指揮命令的首腦機構，其影響所及，籠罩著身體組織各個部位。

腦下垂體前葉對身體的影響，牽涉很廣。它能分泌成長激素，靠這種內分泌的作用，可以調節各種新陳代謝或酵素的平衡。

結果會使身體各部位體積增加，並且影響到蛋白同化作用，也會影響到和軟骨組織的發育有關的骨頭生長作用。

腦下垂體其他的內分泌，能夠刺激多種內分泌腺的分泌，而有間接性的影響作用。也可以說，要使腦下垂體和其他部位進行聯絡時，其內分泌腺就變成了連繫的媒介器官，而其所以能支配末梢的各種受容器，就是靠其所分泌出來的內分泌。而內分泌腺中的性腺，也可以說是卵巢和睪丸，在青春期中扮演著最主要的角色。

當然腦下垂體所分泌的性腺激素功用，也是很重要的。還有甲狀腺刺激激素和副腎皮質刺激激素（ＡＣＴＨ）的作用。在甲狀腺刺激激素的作用下，才會分泌出甲狀腺素。而這種激素對於青春期的身體組織，以及其他的內分泌腺和視床下部（第三腦室的外側壁和底部形成的間腦部分，此處是各種重要的身體機能中樞）有廣泛的作用影響。副腎皮質也會產生各種雄性激素，所以，對青春期的男孩或女孩，都是很重要。

在內分泌系統中，腦下垂體具有主導性，但內分泌的調節機能，並不單純，一方面在各內分泌腺間，有複雜的連繫，另一方面這些內分泌腺和腦下垂體間，也常會有密切的連繫。其如此複雜的維持身體平衡和機能間的調節，我們對於腦下垂體的各種內分泌腺，及其相互間的關係如何，到目前為止，尚未了解得很透徹，有待專家學者繼續研究。

不過，各分泌腺對腦下垂體的影響，以及和此有關的問題，已有相當確切的了解了。各種刺激激素的分泌，是按照此種激素，在血液循環中所含的份量來決定的。所以，它的分泌量也要時時刻刻配合著需要來調整。

和內分泌腺可以相提並論，並對青春期發展有重要影響的就是神經系統。而其最主要的部分，就是視床下部，因為這個部分有調節腦下垂體的功能。從這事實上來說，在視床下部的正常支配下，內分泌系統才會有良好活動。

從實驗的結果，知道視床下部可分為前部、中部和後部三部分核群。經由這些核群的神經核的興奮或破壞，對腦下垂體前葉的各種機能，就會產生刺激或抑制的作用。

視床下部和腦下垂體前葉功用的結合發揮，則是按照神經—激素的秩序。就是說有一種叫做Releasing factor的化學媒介物質（即激素游離的促進物質，這是一種簡單的多肽（polypeptide），其中的大部分可以從中析出），這些物質經過多重的關門系，到達腦下垂體。

視床下部和腦下垂體的關係，也具有雙重的體系性。視床下部之神經核的活動性，是依腦下垂體的內分泌如何而決定的。另一方面由腦下垂體，就可看出三條路線——即血液、神經、腦脊髓——而和視床下部聯絡。

由此可見視床下部具有重要的功能，在內分泌的調節上，也會促成多方面組織的增加。換句話說，脊髓的各個中樞，和末梢的神經—神經節要素，支配著受容器的血管運動。視床下部也要接受上部的大腦中樞的統制。

換言之，嗅泌和網樣體對視床下部有操縱的作用，使視床下部的功用更能淋漓盡致的發揮，並且有控制的功能。大腦皮質自發性的或接受內部、外部受容器的刺激，並且依賴大腦皮質—視床—視床下部的神經纖維為媒介，達到視床下部和腦下垂體樞軸的結合。

內分泌系統和神經系統，彼此間有著如此重大影響，所以對青春期，常有決定性的影響。不過，生命過程中的這個階段，還是要靠許多要因的共襄盛舉，才能夠很健康完全的如期完成的。

例如，卡路里的蓄積、蛋白質、糖類、脂肪營養的保存、礦物質、維他命等的具備……都是很重要的。總而言之，它們的貢獻，一切都是為了確保身體組織的平衡狀態而各盡其能。

最後要說的是，雖然以上已做了簡明的介紹，不過相信讀者所知道的還是有限。為了實現青春期所要求的各種成長，包括很多系統組織的神經機能在內，和複雜組織間交替作用。所以，對於青春期的身體變化，從另一個角度來說，也和精神有著密切的關連。

二、青春期的開始

要探討機能構造，就先要冷靜的觀察事實。另一方面，對於青春期的開發和進展，在內部存在著很明顯的動力學，也應該有透徹的了解。

青春期的這種動力學，目前只從假設來考察。比如說，對青春期開始時的構造，以及內容，存在著許多疑問。有人認為這是腦下垂體興奮狀態所產生的作用，有人不以為然，認為這和腦下垂體沒有關係，而是因為受容器變得敏銳所引起的，眾說紛紜，見仁見智。不過我認為，這二種原因互有牽涉而有不可分離的關係。

身體達到某程度成熟以後，青春期才會開始。對於這一點，丹納以骨年齡表示過，換句話說，就是骨骼的發育，和青春期最初的各徵兆之間，有其相關性。但此種微妙的變化，和年齡之間並沒有關係。比如說，副腎—性器症候群，或早發青春期症的病例，都是早期效果器的反應，也可以說是在胚胎期時，就容易對內分泌的刺激產生反應的狀態。

雖然如此說，不過關於末梢部分的成熟，一般愈接近青春期時，腦下垂體的活動也就愈敏銳。

按照組織學的觀察，腦下垂體的催乳激素和產生成長激素的好酸性細胞，就很明顯的會增加。並且在青春期時，性腺刺激激素也會增加，這種事實，在生物學的方法上，早就被發現。而很多學者都運用放射－免疫學的方法，來追認血清及尿中的FSH的份量。

雖然性腺刺激激素會增加，可是成長激素和ACTH就沒有增加的狀況。換句話說，從放射－免疫學來測定血清中內分泌的份量，發現在青春期中並沒有增加的現象。但用這種技術來測定，只能夠表示其濃度，而並不能夠表示其絕對性的價值。

所以不能斷言說，揭開青春期序幕的，不是由於腦下垂體的作用。因為內分泌腺，要有外部的刺激，才會有所反應作用。而這裏所說的刺激，依臨床實驗，是來自視床下部。既然如此，結果與其說它有發展促進的作用，不如說能產生抑制效果來得妥切。

為什麼會如此呢？因為對於初期活動開始的命令，到底是因何種刺激才產生的，到目前為止，還沒有研究出來。且不僅於此，其間疑問還很多。因為此時，過去都不曾作用的器官，也許從此也開始活動了。

從很多理由來推測，以前人體中的潛在力量，由於受到某種壓抑，而幾乎成麻痺狀態。一旦抑制作用被解除時，當然一些冬眠狀態的器官，就會開始進行活動了。但現今還是眾說紛紜，尚沒有一種主導性的見解。

不過有一點值得注意的，就是青春期發生的時點，總是和種族，或家族性有關。而且個人間也有明顯的差異。因此，必須從發生各種因素來考慮，才能正確的了解。

三、第二性徵的發育

男性和女性的第二性徵，有幾項是依存於副腎皮質的，可是主要的功能發動，還是由性腺來擔當。去勢或性腺移植的實驗，都是前人的實驗。不過由這種實驗中，已經有動物的試驗，得到很好的證明。人類關於此方面也存在著不少病症，以及激素療法的病例。在青春期中，扮演著重要角色的性腺，開始活動時，是靠著性腺刺激激素（從腦下垂體中分泌出來），向著成熟的方向進行，並且維持著它的活動性。

關於性腺刺激激素，以下面的二種為最主要。一種是卵泡刺激激素（也叫做FSH），另一種是黃體刺激激素（也叫做LH），現今的科學已經能夠很簡單的把LH由腦下垂體中析出，因此，能普遍的使用雄性或雌性的未成熟動物，來觀察LH的各種特殊效果。

從女性方面來說，FSH（亦稱為性腺刺激激素A），對於卵泡的發育成熟佔很重要的位置。而LH（亦稱為性腺刺激激素B）是卵泡成熟時所產生的雌二醇（estradil Ostradiol）分泌液，或排卵時不可或缺的激素；同時黃體激素其對黃體的形成，也有重要不可或缺的保護作用。

LH也是第三物質的催乳激素（也叫做LTH）所必須，LH存在的地方，才能製造出LTH。排卵和子宮膜分泌正常的月經週期，大部分是第一次月經來潮之後幾個月，才會步入正常的軌道。

從卵巢中，可分泌出二種激素，一種是卵泡激素，另一種是黃體激素。不過和青春期發展有關的是卵泡激素。

卵泡激素對第二性徵的出現很重要。例如，子宮的發育、膣和膣黏膜、以及輸卵管的變化、小陰唇的發育、乳房、乳頭、乳暈，乳腺的發育等，都和卵泡激素有關，而且能表現卵泡激素的性效果。

另一方面，女性在青春期中，也會產生與副腎雄性激素有關的變化，例如，大陰唇的發育、陰核的發育，長出陰毛、腋毛、脂腺的發育，以及青春痘的出現等。故女性的第二性徵，就依存於副腎皮質和卵巢二部分，所以，不一定有一定依循的路線，往往需靠個別的人來判斷一些不調和的事實。

男性的性發育，也是如女性同樣形式下進行。換句話說，腦下垂體的激素，對副腎皮質和睪丸能產生作用。即對睪丸有效的雄性激素，才會引起性徵的變化——如性器、發毛、肌肉組織等的變化，在陰毛方面，女性和男性並不相同，女性的陰毛，完全是因副腎性的作用，但男性的陰毛，則是由副腎性和睪丸性混合作用而成。

關於睪丸，促進細胞激素或LH，能使間質細胞生長，結果就會分泌出雄性激素。LH的活動，在青春期間，比FSH更早。而FSH對精細管上皮的發育，以及對精子的增殖很有影響。

可是埃隆對於性腺刺激激素的單一性，持有反論。他認為對雄性激素來說，ＬＨ對精細管具有刺激的作用。關於副腎皮質能分泌雄性激素，並使這種分泌液更活潑的刺激反應的性質，現今沒有研究清楚的地方還很多。當然這種激素，並不是ＡＣＴＨ，因為此時糖皮質激素（glucocorticoid Glukokortikoid）的份量並沒有增加。

雄性激素類活動性的發展，從尿中的17甾酮類的增加就可推測到。並且由色層分析中就能夠明瞭新陳代謝旺盛的物質。根據這種分析可知道，其中差不多有三分之二，是由副組織所分泌的，而另外三分之一，才是睪丸分泌的。17甾酮類的增加，從九歲就開始，到了十三歲則其分泌量有上升的趨勢。由此可見性腺活躍的強化。在此時期尤其會增多的是氧原子不附著於固醇核的十一位置之17甾酮類以及和硫黃結合的誘導體。

在十六歲以前，尿中的17甾酮類的份量，對男女雙方來說，都是同樣——一天大約六毫克而已——這是很有趣的。故男女性在此方面有差別是十六歲以後的事。女性十六歲以後，還是維持不變的分泌量。可是男性的分泌量就明顯的有上升趨勢，直到長大成人為止。

若不是按照年齡，而是依據骨年齡來看，則從青春期的初期就有差異。只是就此種有趣的現象，來配合觀察雄激素的各種計測，過去沒有從事很多的試驗，故其中一部分，還是有繼續研究的必要。以往對這方面下功夫研究的學者也不多，只有丹納和顧布達等少數人而已，並且研究對象也僅限於雄激素酮（androsterone）。

在青春期間所分泌的一切雄激素（androgen），並不是都具有同樣能力的雄激素，其中由副腎所分泌的代謝物質，比較弱，而由睪丸所分泌的物質，才是強力的雄激素。根據林鐸納的實驗，勃拉丁和俄爾頓的計測，只有睪丸能在青春期中，把較弱的雄激素，改變為強力的雄激素。強力的雄激素，在生理學上來說，是相當具有活動性的。可是這也是在抑制器官的情況下，還必須靠還原酵素經過變化作用以後，才能夠發揮其效力的。

對多種雄激素而言，不同的受容器，就有不同的感受性。這個理由是，各受容器都各有其不同酵素的關係，此我們從毛髮組織中就能了解。倘若各種範圍、並且在同一時期內，都有相同的接受狀況，那麼其發毛的部位，或時間的差異，就會產生不同的情形。這個理由大概是因局部的感受性不一樣的關係。

副腎組織所分泌的較弱雄激素——雄激素酮、表雄激素酮，對陰部來說，是相當敏感的部位，對顎也是具有很高感受性的地方。換句話說，要具有強力的睪丸素，才能夠發生感應的部位。

男女間發毛的特異性——對二性來說，這是共通的部分。當然對男性而言，也有其異於女性的部分，這在前面有關陰部的說明已經談論過了。在睪丸性內分泌的作用，和局部性的感受方面，男女有差別，同時也具有密切的關係。

四、身體的發育

身體的發育在青春期中，總是在初期時，就有很明顯的表現。到了末期就逐漸的緩慢下來，以至停止生長完全成熟為止。所以在青春期的階段中，就有互相密切關連卻又方向相反的二種現象，因此各種要因叢生，這個期間的發育，最有意義，也就是大家所熟悉的關於骨骼方面的變化。

青春期的骨骼生長狀況，倘若從身體的發育來看，則完全沒什麼特殊的現象，因為這是從胚胎期以後，不斷成長的曲線上的反曲點而已。但這種成長的節奏，和若干外表變化的要因，到底為何呢？

從解剖學來說，主要原因是骨端結合部分的軟骨，變化成為增殖性的軟骨。而在此就可看出二種現象：

其一是，影響骨頭生長成為柱狀排列的軟骨細胞的多種變化和增殖。

其二是，柱狀排列的軟骨，成為具有增殖能力的軟骨。

後者，就成為石灰化骨組織的基礎前身。在這過程中，若要能夠很調和的進展，也需要身體外部和內部的各種作用、活動加以配合才可以。此時就和其他青春期的變化異曲同工。而其主導者則為內分泌系統。而在內分泌系統中存有相當複雜的作用，到目前為止不清楚的地方仍有很多。

排列成柱狀的軟骨細胞活動性的增加，暗示著成長激素的作用。從以前的許多實驗可以看出，成長激素對軟骨的發育有相當的影響。倘若切除腦下垂體，則軟骨的發育就會減弱。相反若注射成長激素，就會幫助軟骨的發育。尤其是對蛋白質的代謝有直接的關係。在前面已經說明過了成長激素的分泌量，此在青春期期間也沒有多大的改變。

性激素類，也會直接受到蛋白同化效果的影響而發揮作用。尤其是對雄激素類來說，更具影響力。副腎性的雄激素類，對男女性而言，此時都會有分泌的現象。而其對女性雌激素類的功用是微乎其微，甚至可以說幾乎沒有。這就和以前人的想法，完全不同。男子的身高一般說來都比女孩子高，這主要是因男激素作用的關係。

雄激素類，對青春期的成長而言，是以腦下垂體前葉為媒介，而發生間接性的影響。甲狀腺素也有調節性的作用，但在青春期間，則僅有附屬性的功用而已。這和其在幼兒期時所擔任的角色大不相同。

副腎皮質的蛋白——糖鹽性激素類，則有反方向的作用。即有分解、抑制性的作用，而其能把肝醣生產上所必須的胺基酸存入代謝性的貯藏庫中。四十～

四十二頁所記述的內容，對17OH促進青春期的成長，一點都沒有影響。

另一方面在前面也說明過，身體各部分的骨頭成長，並不是按照相同節奏同時進行的。比如說由腦部所發出的同樣命令，局部性的感受就不一樣，這也是一種證明。

在青春期的第二階段，即骨頭成長逐漸的步入停止的階段。此時和柱狀並列的軟骨，依其細胞的變化逐漸的會萎縮的現象有關。另一方面，也是因增殖性軟骨，即結合組織——血管系統的增殖場所，在此時，骨端結合部的軟骨會消失，因此，體格的成長也到此就停止。

骨頭的成長完成，和性激素類的影響最有關係。因此男子去勢，骨端結合部的軟骨，就會保持原來的狀態而沒有成長的痕跡。相反的若是早發的青春期症，就會發生早熟性的癒合現象。對於間接性方面來說，就會抑制腦下垂體生長激素的分泌。對於直接性方面來說，就對增殖性的軟骨會有局部性的作用。大致上有這二種功用。

依實驗結果，雌激素類比雄激素類，具有更活潑的作用。而甲狀腺素，也有相同的作用，不過此時還要靠腦下垂體的抑制，甲狀腺激素才會發揮助長骨頭成長完成的功用，但其對成長激素好像沒有任何影響。

骨頭的成熟和軟骨的消失所必須具備的條件，在這裏也要加以介紹。這種現象的產生，是在骨骼成長中就已經開始的了。不過僅依生物學中的一切平衡狀態的變化，無法對此現象作一深入淺出的說明，也很難令人理解骨頭的生長和停止這二方面的構成，如何同時並行的展開。相信將來的酵素學也許能夠對這方面做很好的說明。

骨骼的成長，是青春期中的一切生理現象，也是具有普遍特殊擴張的現象。而能使這方面急速成長的是，蛋白的同化和氮氣的體內蓄積的代謝增多（氮氣在體內蓄積很多，這就意味著蛋白質的分解很少，結果會使人發胖）。

在青春期由於激素的刺激和先天因素、後天環境因素的相互作用，骨骼的生長速率明顯增加，身體長高。女性最大生長速率的年齡在十二～十四歲開始；男性則遲二年才出現青春期生長突然增高。

青春期下肢骨骼增長很快，成了決定身體高矮的關鍵性因素，不過它的長勢不會長久；脊椎骨的增長速度不及下肢骨，但它的長勢比下肢骨持久。可以說，人的長高在十七、八歲以前主要靠下半身，十七、八歲以後則靠上半身。

從以上的說明我們已經知道，內分泌的作用對身體的生長，具有很大的功用，而且對骨頭，也是相同的，性激素類對這方面也有若干影響。

雄激素的作用，對肌肉發育方面，有很明顯的影響。但其主要力量，則是集中在成長激素之上。雄激素確實有多重的作用，尤其是對結合組織的發育，有很大的作用力。

同時對外胚葉以及內胚葉的各種器官的發育也有關（外胚葉器官，有皮膚、皮膚的附屬腺、神經系統等。而內胚葉器官，則有消化器官、呼吸器官、膀胱等，又骨骼、肌肉、血管等，則是屬於中胚葉器官）。

第三章　青春期引起的生理混亂

在醫學上往往會對很明顯的疾病視而不見，或做了錯誤的處理。更大問題的產生，就是為了維持平衡的狀態，讓身體拚命從事以為是需要的工作。而對這種工作反應，往往把它當作是一種病理現象來看待，這樣的錯誤才是最嚴重的。因此，身為一個醫生，一定要具有冷靜的頭腦和豐富的經驗才可以。

這種問題，對青春期來說，尤其應更加的注意。因為在這個時期，不但要維持身體平衡的狀態，而且身體各種新的生理現象不斷的運作，使其趨於成熟。這種身體發育的現象，往往會和重症的病態混淆不清。雖然對這種狀況會或多或少的加以注意，可是確實容易引入歧途引起了一場小混亂。對這種情形，很多病人或醫生往往沒有充分的了解。

其實此時生理的小混亂和病理狀態所以會混淆不清的原因，還是很容易就看得出來的。雖然有些原因不同，可是在同一部位，往往會有很多相同的症狀出現，所以即使原因不相同，但在初期的症態反應上卻屬於相同的形式。因此，在此時期，也應具備這方面的常識，並要具有察知未來演變的能力。

一、青春期單方面的促進和遲滯

前面已經說過，青春期的時間是具有相當的伸縮性的。所以，青春期的初期或末期年齡為何，往往是依個人的不同而有相當的差異。

有時候有些人的青春期來得很早，即在相對年齡較小時，就已經進入了青春期。正常青春期開始時間的最上限，女性是九歲，男性是十歲。這是從經驗所歸納出來的。像這種很早就進入青春期的人，絕不可和病態的「早發青春期症」混在一起。

引起青春期遲滯的原因很複雜，對此種青春期來臨很遲的男孩或女孩，一般都會感覺到很驚駭，同時也會擔心自己的子女，會不會也有這種現象。

一般人到了十三、四歲時，差不多已經邁入成人的階段，而有青春期到臨的徵兆。可是對青春期遲滯的人來說，則還是如小時候一般沒有任何特殊的變化，到了十五、六歲時，還是老樣子，沒有明顯的變化。同學們在發育上都已超前這些青春期遲滯的人。

這些遲滯的人，在教室的座位，總是靠近黑板的地方，位居群首。而上體育課時，處處都是敬陪末座，又時常引起喜好惡作劇同學的注意，做為殘酷嘲笑的對象，可是又有什麼辦法呢？

在這些冷嘲熱諷中，並不僅限於身材方面的矮小，對於全身的外表或輪廓上也是他們嘲笑的對象，甚至給你取了個不雅的代號。

女孩子主要是在自己身材上，看不到曲線，想要買一件洋裝卻找不到合身的衣服，只有欣賞的份。

本來此時的男孩子，可以無條件的把父親的刮鬍刀拿來使用，現在雖有這種特權，卻怎麼面對鏡子、面對自己，也找不到可以刮的鬍鬚。

買亞鈴來鍛鍊身體，可是肌肉還是不結實，胸部仍然如小孩子般的狹窄，胸肌也幾乎看不見，一點也引不起人的注意。一上體育課時，處處都居下風。到了夏季同學去游泳，這個時候，脫光衣服、淋了水之後，那些喜愛惡作劇的同學，就眉來眼去、交頭接耳，朝自己陰部欣賞，好像自己是怪物一般。當自己也看了別人的陰部時，不由得的會想，為什麼大家都有那種毛，而我偏沒有？

關於青春期的發育，一般說來，是全身性的。並且在體格的發育和性器方面都會有突出的表現。可是有時候也會有不按理出牌的發育情形。

例如，在體格很順利的長高，可是在性器方面的發育卻遲滯了。這種人的外表輪廓，就很像古代的宦官（即被去勢的男人，其身材外表和女人相似）也有些小孩不論其身材的高或低，反正只有性器的發育遲滯，結果身體超乎一般人的肥胖，時常在心中以此為隱憂而鬱鬱寡歡。

青春期的遲滯，會不會和精神上的遲滯有關，這是無法代入公式的問題。有些人學校成績不如人，就認為大概是自己生理上遲滯的關係！這種人把一切不如人的地方通通歸於這個原因，而不檢討自己是否夠努力！方法上是否正確？這是很不對的。

不過一般人，大部分青春期身體的變化，都是配合著精神的變化而一起進展的。所以，特殊青春期遲滯的小孩，也許或多或少還遺留小兒症的傾向，並且注意力難以集中，精神不穩定，對一些抽象的思考能力也較一般人拙劣，因此，常自覺的不引人注意，這也是理所當然的。

但關於情緒上遲滯，往往是因環境所造成的，這一點必須特別注意。在考試成績上，往往全班最矮小的同學，卻是班上最具有靈活頭腦，和努力不懈的勇者精神的人。這種人在聯考的金榜上赫赫揚名，也不在少數。

有些醫生，每次遇到青春期遲滯的病例時，都會發現他們幾乎都是在父親或母親的陪同下一起來的。此時醫生往往會受到父母親充滿焦慮的問一些令人覺得很難回答的問題。比如說：

「我的小孩，會不會有青春期來呢？」

「到底還要多久，才會有青春期來呢？」

「有沒有什麼好辦法，使我的小孩青春期趕快來呢？」

諸如此類的問題，不勝枚舉。

要回答最初的質問時，醫生就先要確認，這個人是否僅是生理性的單純青春期遲滯，或者是由於小兒症所引起的病態發育不良？倘若男性或女性，到了十七、八歲時還一點都沒有青春期的徵兆，那麼，毋庸置疑這不僅僅是青春期遲滯，其中必定還包含著若干其他的問題。

但是，若是一個十四、五歲的孩子，尚未有青春期的徵兆，這尚有很多恢復正常的可能性，也是醫生所必須大費周章的地方。關於性發育不全的原因，以及如何加以補救的方法，在次章再加以說明。

在這裏我們先就單純的性遲滯的問題加以說明。患了單純的青春期遲滯的人相當多，尤其是男孩子。這有時候是由於本質性的原因（自我身體的缺陷）所引起的；有的是因家庭環境的因素所造成的。輕度的體格上的瘦小，在幼兒時期就可看出來了，雖然其發育的節奏還算進行的正常，但骨年齡遲滯了。

對這樣的人，縱使予與生物學性的檢查，也查不出個所以然來。因為在臨床的徵候出現以前，不管是雄激素，或雌激素，或性腺刺激激素，在分泌量上都不會顯著變化的關係。

在這些事實中，要歸納出一個公式性的結論，在目前的醫學上還是不可能的。而其觀察的期間最少需要一年，不過縱使經過了這一年期間後，也很難說就能得到確實的解答。

而在觀察期間，也許會有一點點的第二性徵出現，同時性腺刺激激素也開始增加，接二連三的性激素的分泌量也隨著上升。到了這時，醫生才可以回答，說，你的小孩，不久以後就會有青春期的來臨了。

從這種預測狀況來說，對於單純的青春期遲滯，需要用藥物加以治療嗎？對於此點是很有疑問的。因為此種治療效果如何？誘發青春期的到臨，然後再聽其自然發展。雖然聽起來很合理，但是按照目前的醫學技術，要想得到如期的效果，這種希望等於在做白日夢。

有些人提議使用胎盤性腺素標準品來治療，也有人提議使用各種性腺激素或使用沒有男性化作用的蛋白同化物質等。

不過要強調的是，這種藥劑治療法，不能說沒有弊害。而在這些物質中，就有過分促進骨骼生長的激素，所以運用不當，這是很危險的。因此，與其對這些藥隨便使用，還不如敬而遠之較好。

青春期遲滯的原因較為複雜，有先天遺傳或後天的地區、營養和疾病、精神因素等先天遺傳等：

①先天體質因素：其父母或親屬也有生長和性發育遲滯的情況。一般身高發育和青春期開始，比同齡兒童晚三～四年。

②先天促性腺激素缺乏：主要是性器官的發育不良。

③垂體促性腺激素異常：主要為身體矮胖、性器官發育不良。

④先天性腺發育障礙：除身體矮小外，往往伴有其他先天畸型。

⑤先天性甲狀腺素缺乏：除身體矮小外，還有智力低下，俗稱呆小症。

後天的因素則較多方面，往往與疾病有直接關係，例如，腦下垂體腫瘤、腦炎、腦外傷、營養代謝障礙等，都可能導致青春期遲滯。

這些發生問題的年輕人，當然也明瞭自己身體上的缺陷，而有自認不如人的地方就耿耿於懷。

對於這種自卑感，應該運用心理學來幫助他，指引他才對。比如說，坦白的把問題提出來討論，找出癥結所在，讓他安心，或說一些不會刺傷他敏感心靈的話來安慰他輔導他；以及使用藥性緩和的藥，來解除他的不安感。

二、形態的不調和

1.身材太矮或太高

青春期的變化中，最引人注目的當然是關於體格的發展。小孩子時代，對自己的身體外表不大關心的人，一旦到了青春期就會慢慢的注意到自己的身材問題。這些人，常會以同學或同齡的朋友為標準，而想要有別人的那種體格標準。大部分年輕人都盼望著自己快長大，具有一副自己心目中的成人體格標準的美。

例如，一般的女孩子，擔憂的是自己長得太高了，或是害怕自己太胖了，沒有靈秀之氣；或胸圍太小了，沒有曲線美，還是眼睛太小了，鼻子太塌了，嘴巴又太大……還是青春痘太多了。總之，愛漂亮的女人，對自己的外表總是有煩惱不完的事。

還有一些身高超過一七〇公分的小姐，每當面對東方特有的嬌小玲瓏又俊俏活潑的大男孩時，就會感到寢食不安，害怕自己心目中的白馬王子和自己的身材不能相配。對於這種小姐，總是替他擔憂又愛莫能助，只好勸他們看開點。不過，某種巨人症可以使用激素療法（與其使用類皮質激素，不如使用性激素來得有效）。

可是，對男孩子來說，困擾的焦點卻又相反，就怕長不高，太矮了總是當弟弟的份，怕得不到女性的青睞，顯不出男性的威風氣魄。所以小兒科醫生，就常遇到這類問題焦灼的質問。

而若要回答這類問題，就先要了解是否是因青春期遲滯所引起的單純「成長的遲滯」，還是決定性的「體格的發育不全」。

關於這一點，前者比較容易判斷。假定有一位十四歲的男子，其身高只有十歲小孩標準的身高，可是其他方面發育並沒有遲滯，只是在骨年齡遲滯而已。

倘若是這種情況，那麼，還要再觀察一段時間，相信有一天體格發育的潛力會和其他方面並駕齊驅，這是相當有希望的一種遲滯，只要等待就可以了。不必多煩惱，而做不適當的治療。

可是有些年輕人，他所遭遇到的問題並不是單純的遲滯，比如說，身材過分的矮小，而且一直不長高。這種體格上的障礙，往往是罹患了特殊身體方面的疾病所致。比如說，腸的吸收有慢性的異常、先天性心臟病、軟骨的發育異常等，而最常遇到的則是遺傳所引起的矮小症。

這種病人，只要對他的家族做研究調查就知道了，在其父母親或兄弟之中常會發現同樣的病例。也可以說這是一種遺傳所產生的現象，除了身材低矮以外，其身體內部的發育，也同一般的年輕人一樣，性器也會變化，軟骨也產生癒合的現象，可以說他的青春期也依照他的遺傳模式而正在進行中。

像這種原因清楚的體格異常能夠改善嗎？對這種病例來說，使用成長激素也是無效的，使用其他藥物治療，比如說用雄激素（androgen）類來治療，其效果也不見得如意。

2. 肥 胖

在青春期或青春期前的階段，是比較容易發胖的年齡。而且在青春期時過度肥胖的人，往往是在此以前或第一小兒期（從出生到三歲）時就過胖所延留下來的後遺症，在這個青春期更增多他脂肪的份量。

肥胖程度也各有不同，而在實際生活上最常見的一種，不是身體某個部位過分的肥胖，而是全身性的肥胖。

女性一般的肥胖型，有時候會產生皮膚斑或過血糖的現象。而17酮（keto）以及17 Hydrocorticoide在尿中也會有過多的排泄量，當然這是副腎皮質機能過多的症狀，還算容易查覺。

大家都知道，肥胖無論是對成長，或青春期的發育來說，並不會構成障礙。並且一個肥壯的男子，其青春期反而會提早出現。可是肥胖男子的性發育，則往往會造成父母親困擾的原因，況且有些醫師喜歡誇大其辭的說，你的小孩患了「性器萎縮性肥胖症」，其實沒有那麼嚴重，大部分純屬無稽之談。只要性器沒有躲在陰部的厚脂肪中，還是會正常的發育。

和青春期肥胖有關的代謝障礙，是相當複雜的。可是也可以找出一些單純的原因，例如吃的過多，這原因也是醫生要治療肥胖時所面對的理由之一。但是若在份量上或品質上，過分嚴格的限制小孩的餐食，往往小孩子不聽話，而不能持久。成人比較懂事，意志力也較強，比較容易遵期實行得到效果。可是小孩由於心理上的種種理由，不能如同大人一般看待，而不做過分的強迫。

由此可見，青春期的確是較令人擔心的時期。曾一位女孩對自己的貪食和肥胖所造成的心理壓力，幾乎到了絕望的地步。可是到了十五歲時，比較懂事，意志力也比較強，這個時候情況就大大的改觀不少。

這位小姐過去無法控制對食物的引誘，可是到了懂事邁入青春期時，就會自動的要求自己節食。這也是女性愛美的天性，所表現出來的奇蹟。也可以說，美麗的慾求完全取代了貪吃的慾望，這也是女性第二性徵的特色之一。

如此克服青春期的難關時，肥胖的困擾問題，也就同時得到解決了。不過在肥胖的同時往往會出現代謝方面的問題，代謝所進行的方式常不是一朝一夕所能改變，因此和體重的戰鬥，常是經年累月長期的抗戰。

3. 性的差異

使男性、女性在形態上有明顯的特徵，往往要靠性腺的內分泌來領導。同樣的具有雄赳赳的男性氣概和溫柔嬌麗的女人味，也有各種不同程度的差異。

青春期根據一般的調查顯示：

男性的胸部發育不明顯，有些人會沒有感覺，在長陰毛的同時，外生殖器也明顯的成長，一般到十六～二十歲時發育到成人的樣子。喉頭因為甲狀軟骨發生變化，喉結明顯凸出，聲音變得低沉。這段時間，男性的體形變化比女性更高大，肩較寬，胸廓變寬，腰圍變粗，肌肉發達，皮下脂肪較少。大部分男性長腿毛，少數人長胸毛，也開始長鬍鬚。

女性約在九～十歲乳房開始發育，胸部有發硬的感覺，有些人觸摸會有痛感，乳房的顏色也變深。過一段時間，陰毛長出，隨著年齡增加，顏色及密度由淡變濃，再來有月經的來臨，腋毛最後才出現。這段時間，女性的體形開始和男性有了顯著的不同，女性的骨架較小，腰部較細，骨盆較大，臀圍豐滿，乳房隆起，皮下脂肪多，皮膚也較柔嫩細緻。

肌肉的發達健美，穩重又低沈渾厚的聲音，擁有寬闊的胸部和豐富體毛的男人，往往會讓人覺得具有男性陽剛之美，是雄壯英豪的男性形象。

另一方面具有絹絲一般的烏柔秀髮，甜美黃鶯般的聲音，動如脫兔靜如處子的性格，和渾圓曲線的嬌柔身軀，則是自古美麗女子的典型。

在古代希臘、羅馬時代，藝術家往往在雕刻繪畫時，刻畫出各種男性女性美的基準。經過文藝復興時代，而造成輝煌的人文主義，雖然表現出男性和女性在形態上有著明顯的差異。

可是在青春期中，往往會令人懷疑這些差異有沒有那麼明顯。有些男子所認為的男性氣概，好像比古時候淡薄了許多，而從他的姿態，或舉止行動來看，也常帶著一些令人感到女性氣味的地方。另一方面，有些女子，肌肉也相當健壯，腰細窄臀，胸部也很單薄。也有些女子對自己的體毛發達，也感到無限的困擾，對這些情況，真的是煩惱無邊生。

有這種型態的身體發育，不但困擾著男女性，也困惑了臨床醫生，醫生也為了找出根源而忙碌，認為這是由於腺性發育不全所引起？或者是特殊性的問題（比如說，染色體的異常等）才引起的？還是另有其他原因。

有些女孩子，在性器方面一切正常，可是往往要仔細的檢查才能夠下判斷。比如說，調查激素的分泌量如何？或是由於染色體的不正常而引起男女二性的混淆等等。倘若經過這些檢查而一切情況正常，那麼，醫生也會推薦本禁忌的激素療法，把它只當作是一種暫時性的現象來處理。

4.甲狀腺肥大

甲狀腺的發育過剩，在青春期間的年輕人中，並不在少數。根據巴黎地區的調查結果，大概佔有百分之四到百分之五。而且女性居多。

甲狀腺的肥大，也是各式各樣。不過患了因甲狀腺機能亢進，所引起的甲狀腺腫，或眼球突出的症狀的病人例外。因碘的缺乏，所引起的地方性甲狀腺肥大症，往往出現在特殊的地域中。自家免疫所引起的淋巴腺甲狀腺炎，或荷爾蒙性的稍微障礙，倘若根據L．R．尼爾遜發表的研究發表的研究報告，認為罹患這些疾病者比一般人所想像的要多。

除了這些特殊原因所引起的甲狀腺肥大之外，還有時常能看得到的是，被認為是膠質性的單純肥大。對於這種病症，畫家安庫爾，在他的作品水之精以及後宮的女官中，就曾很巧妙地把它描繪出來。此時的甲狀腺，有廣範圍輕度的甲狀腺腫脹。

這種病症，在臨床醫學上看不到甲狀腺腫瘍的症候。醫生也常去診斷觀察不大引人注意的自律神經性的異常。可是若把這種膠質性的單純肥大，當作是一種自律神經性的異常看，那是錯誤。

這種單純性肥大，一般說來，由於TSH的分泌過多，因此甲狀腺素（Thyroxine, $C_{15}H_{11}O_4I_4N$）的需要，在生理上提高的結果，才會引起這種代謝性的過剩。可是尼爾遜否認這種解釋，他所持的理由如下：從放射性碘的檢查，以及甲狀腺組織中的膠質的增加二項理由來否認它。

這種甲狀腺的肥大，大部分不需要任何治療，只要到了十七、十八歲，就會自然地消失，而使用甲狀腺素的治療法，往往是超過十七、八歲的青年，且還有這種異常時才實行的。

5. 女性型的乳房

有些男人，乳腺女性化，引起這種症狀的原因甚多，包括內分泌性、體液性、神經性或醫生使用的藥劑的副作用等因素都可能發生。在青春期間，若產生女性型的乳房，容易令人想起克萊茵菲普特症候群（**Syndrome de Klinefelter**，週期性嗜睡發作、病態飢餓和躁動不安綜合徵。常常是精神病的合併症），所以對這種異常的症狀，必須接受詳細的檢查才可以。有時候縱使經過詳細的檢查也找不出原因所在的個案也很多。

有一種叫做特發性的女性乳房，耐狄克在一八九〇位青年中，發現罹患此種毛病的人竟有三九％之多。由此可見，此是一種罹患率極高的疾病，而且在型態上也不盡相同。

對此種疾病的來龍去脈，目前還不清楚，因而也沒有把握的治療方法。

6.最初月經機能的障礙

女性到了青春期，卵巢中的一個卵就會開始發育，而排出卵巢。人類的卵大約只有直徑五分之一公厘這麼小，當卵排出時，連女性本身也無法感覺出來。原則上，卵從卵巢排出後約一天之內便會死亡。

因此，無法感覺出排卵的本人，自然也感覺不出自己卵已經臨終了。

在排卵後約二週內，女性就會有月經發生。這就告訴你的卵已經排出來了。換言之，月經可視為卵自卵巢排後死亡兩週後現象。

最初出現的月經，實際上是沒有排卵的月經，所以對女人來說，這只是一種卵泡性的子宮出血而已。

當最初月經出現的時候，女人的卵巢機能並沒有完全的確立，所以從最初月經來潮之後，大概有幾個月之間，會出現不正常的出血。就是說，在這段期間內，其出血時間和出血量沒有固定。但對此種情況，不必驚訝，因為這是一種正常又普通的現象。

倘若不了解的人，去看醫生時，醫生也不會給他治療，因為這是不需要治療，只要經過一段時間之後，自然會調整好的一種障礙。

卵巢機能的特殊性異常，大致上屬於機能性的（即器官或組織本身並沒有障礙，只是機能上的作用有所障礙的情況，就叫做機能性的異常。若是器官或組織本身有所異常，這不能叫做機能性的異常，而應稱為器官性的異常）。若卵巢的機能有特殊異常，而且是屬於機能性的異常，那麼，就會和器官性的原因所引起的障礙相同情形，所以，也要經過醫生的定期檢查才可以的。並且在這樣的檢查結果下，醫生才能夠更清楚的診斷每個人的疾病。如此醫生也才能夠在多項的檢查項目中，實行其中一種最可信賴的檢查項目。不過在判斷疾病時，還是從各角度來追究最好，而其中尤為重要者為荷爾蒙份量的測定。

7. 月經困難

月經，在非排卵性的期間內，就很少有月經困難的現象。我們最常看到的月經困難，大部分出現在無力性體質和細長型體格的婦女身上比較多，而心理上的因素，往往會使子宮的疼痛程度加倍。

8.異常出血

關於異常出血的程度和出血的狀況因人而異。有些人只是在出血的程度上比較多，也有人幾乎有引起急性貧血的嚴重不正常出血。並且在這二種情形間，也涵蓋各種的出血情形。

比如說，有些婦女，月經來潮時，出血量很多，雖然其持續的期間正常，可是出血的間隔卻很近。相反的有些婦女，其月經的間隔又太長了，甚至一年之中僅來一次或寥寥數次。

像這類型的障礙，有時候原因就出在器官性的卵巢疾病上。所以對這方面和止血有關的研究，是很需要的。而在此種研究中，也往往會發現維勒布蘭特氏病（Willebrand's disease，即以出血時間的增長為主要症狀，而類似血友病的一種疾病。此種疾病也叫做遺傳性假血友病，或體質性的血小板症）。倘若不是基於這種原因，那麼這種青春期的不正常出血，一般說來，就和黃體功能機能的缺少或黃體機能的不完全有關。

在治療方面，一般都使用子宮止血劑（例如麥角劑、腦下垂體後葉劑等）。倘若使用子宮止血劑還是無效，那就採用激素療法。

假使出血量很多，必須趕快止血，那麼就連一、二天，使用雌激素來止血。倘若情況相當危急，在萬不得已的情況下，就先適量的施行靜脈注射，然後再使用黃體激素系列的藥劑。

要是出血量很微少，卻有長期慢性的不正常出血，那麼只要使用黃體激素治療就可以了。此時，為了安全起見，在下一個月還要使用一次。

若出血量過多，有時候就要進行輸血，或需要進行外科手術的搔爬，不過這是屬於例外的情形。

9. 無月經

有些婦女，自始就沒有月經的來潮，有的則是來過一段時間之後，突然月經不再來了。

對於這二種無月經的情形，尤其是自始都不曾有月經來潮的婦女，往往原因是屬於器官的疾病。例如，罹患了青春期欠落症、骨盆發炎、局部畸形……等。所以無月經的情況，必須要接受詳細的身體檢查，然後才能斷定是否為機能性的無月經。機能性的無月經，和通常的狀況完全不一樣。

對於青春期遲滯的人，往往會出現機能性的無月經情形。換句話說，這是視床下部——腦下垂體的不全所引起的內分泌不足，才發生的無月經情況。像這種情況，只要時間一過，都會自然的痊癒，所以不必接受治療。

倘若這種不正常的時間拖得太長，那麼，每個月就使用雌激素或黃體激素系列的藥劑來治療，對於青春期的成熟也會有好的影響。

有些人的無月經，是來自子宮的問題，這是真性的受容性機能子宮症。只要併用黃體激素和雌激素，就能夠使子宮正常的發育。

最後還有一種無月經，其病症和卵巢的單純機能障礙有關，而不是由於卵巢的發育不全，或卵泡激素過剩所引起的一種病症。

第四章　特殊的疾病症狀

在身體的構成器官中，有些器官對青春期的成熟是不可或缺的。所以假使這些有關器官中的某一個機能發生障礙，就會引起病理性的青春期。而所謂的病理性青春期，並不是指達到年輕人正常成熟的生理過程之間早到或遲滯的意思；而是指具有病態的特殊異常。

這種病態的特殊異常，對於青春期的成長，常會引起連鎖性的惡化。換句話說，甚至於引起青春期不會出現──「青春期欠落症」，要不然就是引起「早發青春期症」，結果成一連串的機能早熟。

後者必須和所謂的「偽性早發青春期」區別清楚才可以。此時所出現的青春期症候，總是不完全而模糊不清的。和此有關的因素，是副腎性、睪丸性或卵巢性的內分泌所造成。

真性的早發青春期症，和視床下部──腦下垂體系統的一切都有關連。這種早發青春期症，也可以做這樣的解釋：即因末梢的內分泌器官，受到腦下垂體前葉所分泌的刺激激素的作用，雖然一切都調節得很正常，可是其作用並沒有按照生理的秩序，所引起的病症。

偽性的早發青春期症，往往會有「腫瘍」的現象，尤其是有副腎腫瘍的人，更能明顯的看出來。

這個時候，從腫瘍所引發的男激素，就會使男性罹患了早發性的大性器體軀症，就是睪丸的發育速度，跟不上陰莖的發育情況。所以，若有這種狀況產生，不能說是真性的青春期到來，更不能說是一種男性化的特徵。

這種情形發生在女性身上，其症狀則為外陰部非常發達，並且也會有男性化的趨向，也可以說這是一種「偽性的異性——青春期」。

青春期欠落症早發青春期症，男性和女性的偽性早發青春期，女性的男性化、或異性的偽性青春期——對於以上這些病症，我們就不能認為僅是一種青春期中的單純小毛病。

在這裏所要提出的問題，當然男女的特徵並不相同。不過，無論在臨床上或生物學上，應該都按照相同的模式、相同的想法，和相同的分析方法來考察研究才對。

一、男性青春期的病理

男子隨著年齡的增長至成人時，若都沒有歷經相對的身體變化——也可以說是一種青春期欠落症或青春期的欠除——或是以一種早熟的姿態出現——這就是早發青春期症或是患了偽性的早發青春期症。以下就這些問題來加以探討。

1.青春期欠落症或性機能低下症

當男性的睪丸、陰莖、發毛或其它第二性徵的發育有所不足時，就稱為青春期欠落症。或是全身性的幼兒型態一直殘留下來時，也是一種青春期欠落症。所以青春期欠落症，是一種含蓋頗廣的病症，有時候是局部性的，所出現的特徵也雜亂紛陳欠缺統一。

在男性的青春期欠落症中，有的其副腎性男激素分泌均屬正常，陰莖的發育也可看得到，陰毛也有成長，但是，除此以外的第二性徵卻陷入停滯狀態，而且睪丸的發育也趕不上成長的比例。

患了青春期欠落症，或性機能低下症的人，其主要特徵是睪丸的發育不完全或其機能或多或少的缺損。

這種機能的障礙，是腦部指令的缺陷。換句話說，是視床下部、腦下垂體系統發育不完全。或是和睪丸有關的組織異常的關係，而致不能應付腦下垂體所產生的刺激素的作用。這是屬於睪丸本身的毛病所引起的症狀。雖如此說，但若要正確的了解原因所在，還是有很多困難，往往需要接受一段時間的詳細檢查。

①視床下部——腦下垂體性原因的青春期欠落症

小孩和青春期過後的成人比較，總是有很明顯的不同存在著。有些人睪丸雖小，但其構成和功能均正常的。比如說睪丸的硬度正常，對於壓迫也很敏感。可是由於視床下部——腦下垂體系統的性腺刺激激素發育不完全，而導致問題產生，所以荷爾蒙的分泌不夠也是疾病的原因。

在臨床上要考慮多種因素的介入，是非常錯綜複雜的。比如說體格的不充分發育，因副腎皮質刺激激素的分泌過少所引起的陰毛發育欠缺、甲狀腺刺激激素的機能缺陷等，所導致的皮膚乾裂或濕疹問題。

現在使用血漿中的FSH和LH的免疫——同位元素的量測定方法，進一步做更精密的判斷。視床下部——腦下垂體系統的不全狀態上，這些份量都會減少。

和視床下部——腦下垂體性的性機能低下症有關的疾病，是「腦腫瘍」，亦稱為「頭蓋咽頭腫瘍」。

在視床下部的非腫瘍疾病當中，有時候也引起「性機能低下症」。例如，急性或結核性的腦膜炎後遺症、細網症，以及各種疾病的狀態——例如營養不良、長期的感染、嚴重的心臟病或腎臟病——就是和這些疾病有關的視床下部——腦下垂體性機能不全等。有時候也會奇蹟的恢復視床下部——腦下垂體性的機能。最後要說明的是，視床下部的前面畸形，也包括肥胖、色素性網膜炎、短指症，或者嗅覺不全等毛病的性機能低下症。

在治療時，還是要靠藥物療法。其理由為，縱使能夠摘除惡性腫瘍，也不能夠改善生殖器發育的關係。若想要睪丸的分泌能夠正常化，最好是注射胎盤性腺素單位。可是胎盤性腺素單位，只能夠讓睪丸、陰莖部位發毛，做一種不完全的發育而已，所以也不是很可靠的。

對於這種治療法的不足之補充，例如補充平常睪丸分泌的荷爾蒙不足的方法，也常被使用。若想補充男性荷爾蒙，服用藥劑就可以。

②睪丸本身異常所引起的青春期欠落症

青春期欠落症，和睪丸的發育不全有直接的關係。有時候和腦下垂體的刺激素無關的疾病，也會由此而生，這就是所謂的「睪丸性腺本身的疾病」。

這種疾病在臨床上所看到的情況，就和視床下部——腦下垂體源的青春期欠落症幾乎相同。可是這種性腺本身的障礙比較嚴重，所能暗示這種障礙的現象很多。例如睪丸轉位（睪丸位置的異常下降），陰莖的發育和睪丸的大小不相配，陰毛的形狀，屬於副腎性的三角形，和因睪丸的某種異常或發育不全所引起的各種古怪形態等。

睪丸的異常，往往是後天性的，例如受到外傷、意外故事，睪丸的急性捻轉等，都會使睪丸的性腺機能有所損害。一般人都很重視睪丸的發炎（例如感染性耳下腺炎等所引起的），對此現象，實無過分恐慌之必要。睪丸的病變，是否因後天所造成的，要證明也並不容易。睪丸起源的性機能降低，普通是屬於胎兒時期的原發性異常，這就是屬於「睪丸的異常發育」。

這種睪丸的異常發育，一般是列為複雜的症候群來處理。在這些複雜的症候群中，包括性機能降低的疾病、精神薄弱，以及其他的特殊疾病。比如說女性型乳房症，比正常人更高的細長體型等。

大致上按照如下徵候，能夠確實的診斷出來。

・ＦＳＨ的量，增加的非常多。

・在睪丸的組織檢查上，正常青春期以後，還會看到特殊性的變化。比如說精細管的玻璃質肥厚，和透明蛋白性的變化，以及萊迪西的多數細胞群生為島狀等等。

・在性染色體的檢查上，Barr 的小體幾乎占了口腔黏膜細胞的三％。這就是一種女性型的徵候，也被稱為陽性（Positive）。

・染色體的數目，一般人是四十六，可是有這種異常的人，則是四十七，而且其具有的三個性染色體是ＸＸＹ。（就是四四Ａ＋ＸＸＹ）。

青春期欠落症也存在著不少難以解決的困難。青春期的遲滯和病態性的青春期欠落症是完全不同的，但二者之間也存著非常微妙的關係。二種檢查，都須經過嚴密方法來施行，並且要經過縝密思考的判斷和解釋。有時為了得到正確的診斷，甚至需要花費好幾年的光陰加以連續性的觀察，故醫生必要深具耐心，並且要從各方面加以檢討考慮，以便採取最適切的治療方法。

同時對病人有關的人和家族，必須對青春期遲滯，來做一些問卷調查，和適當的解釋，讓他們能放心才好。

2. 早發青春期症

早發青春期之定義如下：男孩在十歲以前就出現了性徵候，此和女孩子比較，其頻度大致上低了一半。

在這裏必須弄清楚的是，視床下部——腦下垂體為主導的真性早發青春期症，和另一種是由心生腺或副腎機能過剩所引起的偽性早發青春期症這二種。

①真性的早發青春期症

有睪丸的發育，第二性徵的出現，骨年齡也會比年齡成長得快。尿中的FSH和17甾酮類的份量，就如青春期時一般的多。乍看起來，這好像是真性的青春期狀態，不過其時間來得太早了，這也是一種不正常。此種青春期早發的原因，有的是腦部有疾病，有的則是體質的關係所引起的。

②偽性的早發青春期症或早期男性化

偽性的早發青春期症，就是雖然有第二性徵的出現，可是睪丸沒有相對的發育，因此產生了不完全的青春期。所以大性器體軀症，也是早期男性化的症狀之一。這種病人在尿中，在17甾酮類的狀態下，可以看出男性激素異常增加，也是屬於一種內分泌的異常。由於副腎過份的發育，或副腎發生了腫瘍，或睪丸發生腫瘍時，就會引起這種病症。

睪丸的腫瘍，從睪丸全體性的肥大，或從睪丸性的硬塊看得出來。可是對於副腎的腫瘍，則必須靠仔細的放射醫學性檢查才可以。比如說，依靜脈注射來做尿道攝影，尤其是對動脈的攝影，能夠檢查出動脈的血管狀態。在攝影出來的照片中，若有異常的情形，就表示有腫瘍的存在。

無論腫瘍的根源為何，都必須靠外科手術切除。這個時候的檢查，就可以判斷，腫瘍是良性還是惡性，並且對於治療後的預測也很有幫助。

倘若此腫瘍是良性，那麼早期男性化症候，就會隨時間慢慢消失，跟隨著是正常青春期的出現。但是，若此腫瘍為惡性，那麼雄激素症候就有再發的可能，而附隨著產生了很多毛病，甚至會導致死亡。

二、女性的青春期病理

青春期開始的年齡，和最初月經的出現，總是有許多的條件和原因。即要看生理的各種變化，例如遺傳、生活條件、飲食習慣、氣候等。這些因素，是我們在討論女性的病理性青春期時，所必須注意的事項。

女性也和男性一樣，有病態的青春期欠落症、早發青春期，以及偽性的早發青春期症的存在。

1.青春期欠落症

女性的青春期欠落症，往往是根據一項或幾項的第二性徵的欠缺或不全來決定的。當然也有完全的青春期欠落症，也有部分性的或程度性的異常情況。副腎皮質分泌的雄激素類，在某種青春期欠落症，還是分泌正常，這一點只要看陰毛的出現或腋毛的長出，就可明瞭。但是，對於月經的出現，其他如乳房的發育，或女性化的身材還是看不見。

青春期欠落症，是由卵巢機能的不全或受損害而發生的。換句話說，視床下部，腦下垂體系統的不全為原因，也會產生。而當卵巢本身不進行其活動時，也會引起。後者即是性腺異常，因而對於腦下垂體的刺激就不能反應。

①視床下部——腦下垂體引起的青春期欠落症

在小孩時期就沒有青春期的症候，此時卵巢完全處於一種不活動的狀態。因為腦下垂體並沒有分泌性腺刺激激素的關係。

倘若摒除性腺刺激激素不全不提，其他的內分泌腺還是正常。此時的臨床像

「純粹的腦下垂體性幼兒症」。而其身高一般都會比正常人高，因為骨端結合處的軟骨癒合所致。即處於卵巢激素支配下的關係。因此軟骨的存在，會使骨頭生長。

實際上，和男性的情形相同，這種臨床是十分少見的。性腺刺激激素的不全，就會造成成長激素的不全，所以體格發育的遲滯，總是青春期欠落症一起出現，這就是「腦下垂體性幼兒症——身材矮小症」的形成。

腦下垂體前葉缺陷往往會影響全體。這個時候，總是有一些副腎性的不全，或甲狀腺的不全之症候。

②卵巢引起的青春期欠落症

在這裡和青春期症有關的是卵巢本身的異常。這種根本性或發生學性的異常病變，總是深沉的。此時性腺幾乎是看不出來的程度。因此，與其說是卵巢發生異常，倒不如說是性腺發生了異常。

(a)特納症候群（Turner Henry Hubert），這是很有特徵的症候群，也是常見的一種症候群。

其症狀是乳房不發育、乳頭或乳暈也只留下痕跡，沒有月經的出現。也不會長腋毛的，有些人在十四歲左右會長陰毛，可是並沒有像正常健康的女性那樣。既然可以看到陰毛，這一點就可證明，這種病變並不是腦下垂體性的幼兒症——身材矮小症。

這種型態的青春期欠落症，不但有以上的症狀，還有其他的症狀，因此患此病的女性，就有特異的不調和性，以及型態上的異常。發育的遲滯，很明顯的看得出來，而且這種現象也會逐漸的強化，身高最高不會超過一．五公尺。形成臨床的症候群之第三要素，就是先天性的異常。

換句話說，胸部平坦，甚至看得到外反肘，第四中手骨短，並且大腿骨內側顆狀突起的異常變化等骨骼異常形態，或黑斑狀皮膚發育障礙，或掌形頸斑（頸部翼狀贅片），有時候還會引起大動脈狹窄，色盲等毛病。至於智能方面的人還算正常，有的人卻造成智能的不足。

(b)純粹「性腺形成不全」就沒特納症候群的症狀，體格的發育，並不會遲滯，也沒有身體形態上的異常。對於這種由卵巢引起的青春期欠落症，只能夠使用女性激素來補充不足的治療法。

不過在治療當中，尤其是對於乳房發育，就依病人的體質而有相當的差異。只有子宮發育還算正常的人，才能夠在月經方面得到正常的治療。

(c)「女性化睪丸」的青春期欠落症——這是一種很特殊的疾病。即其外表上很像女孩子，換句話說，其現象型屬於女性型，有陰門，乳房的發育也順利。可是需特別注意的二項徵候，一項是陰毛長不出來，或非常稀疏。另一項是沒有月經的出現。

約有三分之一的病例，在大陰唇的內部，或鼠蹊部的二側有一塊狀物，其實此塊狀物即是沒有成形的睪丸，若再進一步檢查，其性染色質是屬於男性型。然而又可發現膣的存在，可是卻找不到子宮和輸卵管的構造。說起來這是男性的特徵，而且其睪丸也不能說是發育不全，是相當正常的。從睪丸雄激素的分泌，所以外表是男性，可是其體態卻屬女性。這種疾病，怎麼發生呢？到目前研究的人很多，不過都止於假設性的說法。

這種睪丸應該要摘除，倘若讓它繼續存在，可能會變成惡性，這是很危險的。不過要注意，一旦睪丸切除之後，必須施打女性激素的補充療法。

(d)明顯男性化的偽性男女二性體——這一種和前面所說的症候群很相近，可是產生的過程，卻迥然有異。

對這種病人來說，其性腺就是睪丸，其受容器則為正常，可是在外陰部性器中的陰部卻突起，發育不全，所以才會擁有女性型的外表，因此，這種病人就被認為是女孩子了。

而他的家庭也可能按照女孩子來教導他。可是到了青春期時，才發現這位女孩子除了陰部會長出陰毛外，乳房則無發育的傾向，也沒有月經的出現。對於這種病人，位於腹腔中的睪丸要切除才可以的。不然這樣子保持下去，發毛系統會導致男性型。

在治療時一般是用女性激素來治療，不過也可以從外科手術上形成膣。這種病人一般沒有膣存在，縱使有也會發育不全。

從以上的說明，女子青春期的欠缺就存在著各種的問題，所以，必須詳細檢查其性機能降低的因素，這必須靠臨床分析和精密檢查。

首先要解決的問題是，到底這種毛病，是屬於間腦——腦下垂體引起的？或是性腺引起的呢？還有一點重要的是，其為真正的腦下垂體不全和視床下部腦下垂體發育之單純遲滯。這二者之間就很難分得很清楚。

不過，從經驗上來說，這種性機能低下症，往往是單純的青春期遲滯而已。所以對這種病例，必須有耐心的繼續觀察。

2. 早發青春期症

女性的早發青春期，就是在九歲以前就有青春期的出現。此時就和男性一樣，必須區別到底是視床下部——腦下垂體系有關的「真性早發青春期症」，或是和性腺、副腎的機能亢進有關的「偽性早發青春期症」。而偽性的早發青春期症又可分為二種。

一種是同性的偽性早發青春期症，這一種就是第二性徵來得太早了，而且其性質系屬女性型。

另一種叫「異性的偽性早發青春期症」，這一種就是性器往男性特徵發育。

換句話說，就是導致男性化。

我們在這裏所要討論的是，早發青春期症、同性的偽性早發青春期症，以及異性的偽性早發青春期症。在說明中，讀者就會感覺到，在男子的早發青春期症的項目中所說的內容，在這裏又會出現。

①真性的早發青春期症

這種青春期和一般正常人的青春期同樣，不過對於乳房的發育，陰毛和腋毛的長出、月經的出現、骨年齡發育方面則比一般人來得更早。

這種青春期的早發性，是從腦部病變二次性中所引起的。另一個原因則是和個人的體質有關。

(a)以腦的病變為原因的早發青春期症——視床下部，腦下垂體部位的病變，將使腦下垂體的器官刺激激素，很早就開始分泌，其結果就會促使卵泡開始趨於成熟，當然其他各種症候也會隨之發生。

(b)素質性或本態性的青春期早發——女子不能發現同性的早發症的原因，則是要鑑別由本態性型或腦的病變所引起疾病相當困難。因此被認為是「本態性」

的若干早發症，往往是由很小的過誤腫，或視床下部不引人注目的病變為原因。

倘若家族中有人是性的早發，那麼這就對早發性青春期症的原因是素質性的判斷，成為有利的條件。因為青春期早發，有遺傳性素質的成因存在。

早發症治療後，要特別注意體格成長狀況的發展。因為骨端的早發軟骨癒合太早，因此身高常會比一般人低矮。這種早發症的女性，在不知不覺中對所發生的各種變化感到吃驚困惑，有時候情緒會被搞得很混亂，秋眉不展。所以對這種直接影響的情緒反應不可不注意。

②偽性的早發青春期症

(a)同性的偽性早發青春期症——同性的偽性早發青春期症，是由卵巢的腫瘍或副腎的腫瘍所引起的病症。此時雌激素分泌旺盛，結果導致第二性徵發育，而看不到卵巢的正常成熟。由腫瘍以致引起分泌大量的雌激素會促進乳房的發育，以及膣、子宮膜的早熟。並且對身高的發育也會急速的長進。因此，就看得到和小孩年齡不相配的發育狀況。

這種毛病和視床下部——腦下垂體性的誘導無關，純粹是一種偽性的青春期狀態。內分泌的分泌屬於女性型，而青春期狀態的同時可以看出女性型的第二性徵出現。內分泌的份量，會單獨的升高，尤其是卵激素更甚。

(b)異性的偽性早發青春期症——這是因副腎或卵巢的雄激素（男性荷爾蒙）分泌引起的。對女性來說，由於這種雄激素的過剩，就會引起女子的男性化，所以偽性的青春期完全是異性的。

如一下子發毛組織旺盛，所長出來的毛又硬又長且濃密雜亂。不但陰部的毛非常多，連大腿、背部也會出現，更糟的是嘴巴的上唇也會長出鬍鬚儼如男子一般。外性器也逐漸產生變化，陰核會長得如男子陰莖般大小。

這種雄激素過剩症，尤其在身高方面更是引人注目。其一切化骨點會繼續生長。本來是小小的孩子，但在短短的幾個月中，一下子增加了十公分，肌肉也如男子般強勁有力，聲音也變得渾厚低沉，所以，這種現象在臨床上能很清楚的看到。

第五章　青春期的心理

一、青春期與青年期

一般來說，青春期與青年期並無太大的差別，因此，許多學者要敘述前面所說的身體現象時，也常將這兩個名詞混淆使用。對我們而言，為了完全去除不明瞭的狀況，也常把「青年期」用於解釋生理學上青春期出現時的心理。

這樣加以定義，青年期並非與青春期處於同一個時期。青年期跟身體上所謂的青春期會有大幅度的差異，大體而言，青春期時的一些心理上特徵，好像比生理的成熟更早發生，而且並非直接依賴生理的成熟而存在。

另一方面，心理的成熟經過青年期階段緩緩的進展，它的持續期間也因文明狀態、社會集團及個人而有差異，尤其在不適當的條件下，青年期有時甚至會發生不能終了的情形。

身體上的青春期是很具體而可計測的，它以持續性的方式在前進，並往一定的方向，以不顯著的速度前進，雖然它並沒有一定的規則可循。而青年期在心理學上的進展則完全不同。換言之，究竟保證人類命運的生理進展，是否也代表著能完成心理進展的可能性呢？抑或生理上所謂結婚適齡期，即指心理上成為大人之意？青春期生理、心理的面貌，都與此疑問有關，這項疑問看來極其普通，但卻能使人重新檢討各人共通的事項及特異的地方。

從身體的立場來說，青春期大約發生在不太有個人差異的年齡中，與可以客觀明瞭看見的界限內。通常自然力量相當巧妙的讓它的果實成熟，該小孩成長為大人；亦即每個個體輪到自己的時候，就能充分擔任再生產的角色，發揮個體的力量。

心理的進展則完全與此不同，在這裡自然的力量不能使事情順利進行。符合真正意義的大人，在我們社會上是很珍貴而不易找到的。正確的說，年輕人的時期獲得了一般大人的普通體格後，就應結束，至於要把它完成，則是一件困難的事，尤其所面臨的許多問題。

例如，成熟的年齡在年輕的期間能夠持續多久？成長的期間會碰到多少不便、麻煩、偏差的事？以及多少不成功的例子和令人怵目驚心的挫折、困難？因此沒有問題的年輕人，似乎只有在童話故事裡才找得到。

甚至在正常家庭中成長，過著安定、嚴格而條理生活的年輕人，也會拿雙親或其他兄弟以及過去的自己、將來的自己，與現在的自己比較，再找到自己的地位是愈來愈感到困難了。學校的教育漸趨長期化，人口的密度愈來愈高，社會生存的條件更是瞬息萬變。因此，年輕人往往會發現自己被排拒於組織之外，而且要調和自己以與組織配合，也並非易事。

年輕人對大人抱著擔心的態度，大人也以同樣的態度對待他們，於是青春期的心理學大多變成沒有終結的被強迫適應的人際關係，許多複雜的條件對這塊最易變化、不安的領域產生影響。在這裡，最具有恆常性的特質，就是見異思遷、追求更新鮮的東西、對過去的不滿、破壞以及對將來的懷疑、迷惑。

以圖解的方式來研究青年期困難的地方，簡述如下：

1.研究的方法

要檢查年輕人的精神其方法很多，這大多是針對他們的行動模式而論。換言之，同樣也能用意識上精神結構的象徵來解釋年輕人所表現出來的外在現象。

這類研究方法很多，要一一列舉出來，是很困難的，大致來說，有集團測驗、個人測驗（關於精神水準或根據投射法）、記載個人歷史的事例研究（發展史方面）或是細分年齡的事例研究，以及精神分析文章（手記、日記等等）之研究。

以上這些研究方法，必須全部加以考慮。因為由童年時代轉移到成人時代，在我們的文明社會中，總不免提到某些重要的問題，而在原始性的社會裡，就不明瞭那些我們以為重要的問題，他們以一連串的祭禮行動以及成人儀式來認定成熟與否？至於要讓移行期不明顯的孩子成熟為大人，也有固定的風俗，他們認為只有藉著這些方式，才不會替自己帶來麻煩。

對於工業化的文明，其社會的進展非常迅速，因此，年輕人許多表面化的問題往往無法順利解決，有時則是受到不恰當的處理，年輕人所生的時代不同，而且社會也逐漸以加速的節奏進展，年輕人隨自己所處的社會環境及同時代的人類集團而改變，於是新的生活規範便被創造出來，這正是受環境影響的反彈現象，它逐漸增加它的重要性，使資訊與傳遞公共化的手段更多采多姿，這又對正在形成中的年輕人和人格有強烈的影響。

那麼，究竟比它早的時期及將來臨的時期，與青春期的孩子有何關係？進化是永無止息且具有律動性的，從小孩轉移到大人這數年間的特徵變化，如要統合整理並非易事。

2. 在青春期入口的孩子

首先克服戀母情結的小孩，大約從六—十歲間要經過潛伏期，這現象已被精神分析學家所注意，此時期精神上的收穫，是從情緒的寧靜和沈默中獲得。彼亞傑、瓦隆以及其學派為此時期的孩子在思考發展的研究上帶來了重大的貢獻。

根據他們的說法，十—十一歲左右青春期前的小孩，能獲得自己與世界的認識，此認識會帶給小孩滿意的精神狀態。小孩一點一滴的使與自己身體圖式有關的知識完整，明白它的可能性及界限，使自己去配合它、習慣它，甚至於用自己去綁住它，可見身體圖式的觀念與自我生成的統一，具有非常密切的關係。

自我就是要形成自己獨立人格，以與他人區別的特異統一體，小孩子因認識了自己的身體圖式，知道了自己也是客觀的別人，而不像以往在學校或家庭中，只是茫然的具有別人及世界的觀念。

由此所形成的精神平衡狀態，開始時雖不顯著，但若逐漸顯著時，便會引起不調和，而此不調和即是青春期的轉角處。

隨著個人成熟的過程，危機時期與安定時期會交替出現的想法，已被四十年來的心理學家所證實，其中有盧梭所提倡的，有史達連賀爾學派的繼承，而今日有G．猶葉的研究，使得深具批判性而聞名的「第二誕生」的想法，看來好像完全矛盾。緊張與過渡經常是青年期最輝煌、最具模範性質的。

從前根本不可能考慮到青年期是不愉快的年齡，在盧梭所寫的《愛彌兒》中，對熱情的時代所發生的事情表示敬意，是有理由的，但是此時期所發生的事，與其說是第二誕生，不如改為「第二斷奶」較恰當了。

到了十—十一歲的年齡，由於內在與外在的各種原因，對青春期的事項會加上新的狀況，它會帶來個人的反應、周圍的反應以及新精神平衡的探究，這是依照個人固有的律動性、進展的暫時性狀況而定，其中具有相互調理的關係。

在此年輕人危機的名義上，能統籌討論進展的外在要因中，對來到青春期入口處的孩子其進展能發生作用的，是客觀觀察的領域，當然並非這樣就能獨立發生作用，如果共鳴的現象跟內在性的要因相遇，則不僅是個人的心理受影響，也使得周圍人的心理複雜化，但是，對於內在性與外在性的要因，必須先分別加以檢討才行。

我們現在最先列舉討論的是社會環境。個人的環境被擴大到學校，等課程結束後，學生突然又被帶進更寬闊的範疇裡，那是比他以往所習慣的更嚴格的環境。以前教師只有一人，並同時擔任代理父親的角色，亦即教師具有被害怕、被喜歡、褒獎、譴責的權利。

教師能接近小孩的父母，瞭解小孩生活的一切，而且不會忽略任何細節。但是進入新的環境後，教師的人數增加，教育的內容也增多，有了社會階層的觀念，同伴的團體也會發生變化。

因此，孩子會遭遇新的狀況，這就是所謂到了第六學年的真正危機，它會給予小孩在精神上的紊亂。實際上，這個時期的小孩具有種種程度的過敏，而且跟青春期開始的時間相同。

這六年學年的危機不但能清楚的讓人體會，而且每個人也好像會接受奇妙的感覺。在學校的領域中，對精神平衡的努力，也有新的方向，亦即當第三學年（十四—十五歲之間）結束時，會為所面臨到的課目之選擇以及新職業的適應性感到不安等問題，尋求疏解的途徑。

青年期的最初部份被夾在學校生活的兩個重大時期之間，這可由法國中產家庭對青年期或學校教育的特別看法中，使其更趨表面化。

在法國，學校教育的問題比任何問題都受重視，現在所要討論的主題——年齡，更是其中重要的一環，它的原因是對小孩將來方向的決定相當明確，同時因不安及糾纏而引起疑心，再加上缺乏自信，這也是因為處於這年齡的緣故。

六學年的危機，不但對小孩構成威脅，對父母而言，也是一項痛苦的經驗。此時期所看到的行動礙障大多與學業成績有關，即使是孤僻成性的小孩，只要有令人滿意的成績，父母也不會太介意他不合群的個性。

相反的，只要學業成績一失敗，就要立刻找心理學家、醫生商量，即使小孩的行動正常，也是如此。

但是與法國毗鄰的國家，情形卻不相同。例如，拉丁語系國家對家庭的愛、對雙親的尊敬以及英語系國家對社會集團規律的服從，對所體驗的事實狀況的適應，這些都比學業成績更獲重視。

然而法國人卻對自己孩子的學業成績不振感到不安、恐懼，這精神上的緊張，除了使適應加倍困難外，並無任何好處。

像這樣過分評價學業成績的結果，使學業成績變成了家庭生活情緒的根本，學生在家庭及學校都受到重大的壓力，產生了一輩子中在這時期的成功，是比其他時期的成功更重要的觀念。

已經有些小孩察覺到選擇將來職業的必要性，但是這些必要性一到三學年，大人便強迫年輕人選擇職業，不過年輕人卻依照他們的方式摸索前進，因此，問題的焦點顯然與緊要地方發生偏差。

旁觀者非常瞭解此情形，但是當事人本身，卻常常無意識的加以忽略。往往雙親的喜悅、讚賞、評價，甚至於愛情，也要根據小孩在學校的成績來配合，學校的成績單變成了家庭情緒的試金石。

成績不好的小孩，只是笨拙的小孩，從年輕時就感覺自己完全是個罪人，而且沒有被愛的價值，這種事情突然降臨在毫無準備的小孩身上，父母只會為了競爭而焦慮的要小孩拼命用功，但是現在，未來的責任擋在小孩眼前，於是便接著發生了一連串的對鏡性反應（此指精神病患一直凝視自己鏡像的症狀，但在本書則指自閉傾向的人），雙親對於其他更複雜的別種問題，都希望能找出像學校成績這麼容易加以計算、判斷的避難所。

一直小心翼翼的看守著小孩青春期的家庭環境，在那裡一切不愉快的年齡所帶來的令人遺憾的評價，一點也沒有發生，對家庭的兄弟關係及社會集團的年輕人狀況，其瞭解更簡單。

但是，只要年輕人有充裕的時間在他自然的節奏中成長，他們的家人對其摸索成功的行動價值，就能用結果來判斷了。不停流動的狀況，會使年輕人不安定而容易後退，適應與開朗的心情使情形變得更加的單純。

可是父母的態度，並沒有如此的寬容，能夠一面認定小孩有停滯、後退的現象，而一面用調和的步驟把他引導向成熟，有這種耐力的父母並不多見。

像這類的事應是個人角色所能完成的。至於精神力量的獲得，則要努力的充分保持所謂的對話。實際上，這是解放寬大的嚐試，往往第一斷奶的問題會在此時重新反覆。

父母都希望小孩的人格覺醒能儘早發生，可是要接受這項事實需要一段時間，父母常陷入一種錯覺，以一種孩子還小的習慣性眼光來看待他們，於是父母與子女間的關係不調和，便使家庭逐漸紊亂起來。

青年期開始時，首先表現出來的是身體狀況的明顯改變，不過，父母卻忽略了這點，孩子們雖依賴物質而生存，但更希望能得到自治權，外出時也希望口袋的錢常保持自己所喜歡的數目，並且常加入團體打發空間的時間。像這樣給予孩子獨立的機會，比從物質上監視、壓迫孩子要更能緩和衝突，年輕人所介意的事情獲得緩和，自然對家裡的職業，甚至於弟妹，付出他的關懷。

年輕人較長時間的獨立，大概只有在休假日及國外旅行時能獲得，然後立刻又得到保護，回到規律所限制的生活圈中，獨立的期間，多少具有試驗性的價值、訓練性的遊戲。以及大人生活方式磨鍊的意義，這些經驗對孩子而言，也不會被認真的接受。

但是，在這時期中，如能獲得處世的訓練，則年輕人在日常生活單調的行動中，才能培養出解決問題的能力，而不致於發生太多的困難。

所謂的心理學上的困難，如無法判斷臆測、缺乏自信或是從知識、感情上的觀點無法判斷情況的價值，這種狀況，往往是因身體與心理發育所引起的不調和而來，這種狀況也因個人的差異，而有各種不同的情形發生。

在兄弟當中，年輕人要對自己的事情獨立應付，因為較自己年長的人所具有的問題與自己不同，而年紀比自己輕的人，他們的問題也變成過去的事蹟。所以年幼的人往往會以困惑的態度來看待我們的領域，年長的人也不願成為我們團體裡的夥伴。

以父母而言，他們在自己孩子從青年期開始及以後的時間裡，時常掙扎在矛盾及強烈的自信之間。當要喚起孩子服從的精神時，父母會說：「你還是小孩子！」當要喚起孩子的責任精神時，父母又會說：「你已經不是小孩子了！」服從與責任是圍繞在父母與子女間的兩個極點。

「服從」這個名詞現已不流行，這是否意味著服從和觀念已經消失？絕不是如此。那只是因為服從在權威的廣大領域中，包括了集團學員心中所存著的繼續性觀念的緣故。

在童年時代，家庭與學校把小孩的訓育以同樣的觀念進行，那是因學校與父母的聯繫造出保護的神話，同時又要一切的人們服從法律所支配的世界秩序，所有的過失都被神性的或人為的制裁所處罰。

人類行為的原動力是愛，對所經驗的狀況表示反應，純粹是出自感情，被愛是表示「是」之意，不被愛則表「不是」之意，善與惡把這世界清楚的劃分界限，區分為光明與陰影的地域。

所謂賢明就是善良，亦即被愛之意，這是很明確的，小孩常被大人們以應該做什麼的指示所壓抑，不管小孩如何選擇，都不能讓他們自由，小孩如果不在此情況下屈從，立刻會受到制裁，這是秩序的世界，所有的慾求、行為都要藉著規律與秩序來加以裁判。

這一張由沈默的協約所織成的網，被法國的中產家庭認為是理想的規準，能在相當狹窄的範圍裡，一致的形成安定的自我。

但是青年期的開始，在種種條件的影響下，以更個人性思考的覺醒姿態出現，學生們靠著所接觸的更廣大的社會環境和他們所學習的科目、以及獨創思考的諸要素，獲得了心智的啟迪。

年輕人會利用新的情報來源，例如書籍、電視、電影等，來溶入自己以及教師、朋友的經驗中，家庭已經不是作為範本的唯一東西。

年輕人會懷疑能否把被教導的知識重新放在組織上，並往往想嘗試著從家庭環境中擺脫出來，雖然最後大多仍回到家庭環境，但是，這也是一直要等到完全成熟為大人時，才會發生。

進展的內在要因——使人格發展的主因，無疑的，是神經的成熟，這種新能力與知識的獨立，會在青春期出現，經過此一時期而成長的年輕人，不再像往常一樣是被動的犧牲者。

邏輯性思考的發展，喚起了批判性思考的發展，各種能力的開發，拓展了活用新天份的途徑。智能不僅是全盤瞭解狀況而已，還要能將各種狀況的因素加以分析，然後才會知道是否應以個人積極的反應去服從外來的要求。而不致於徬徨在這個充滿變化意識的領域。

最顯著的與其他變化有關的，就是年輕人身體的改變。在童年時代最初的數年間，發展性的諸變化依照各時期很順利的被統合，小孩子把自己關在已經習慣的記憶中，而獲得安定的自我觀念。

出現於青春期的變化，與小孩時代的變化全然不同；不但變化的很快，而且容易損傷，易引人注目，並易使人感到不雅。因此，產生了各種的不調和情況。但是，年輕人本身卻全然不知這種進行中的不調和現象，只是一時性而已，因而自己會感到不安。

這種身體上的變化，是造成年輕人精神混亂的原因之一。年輕人常有一時性的、手腳變的不靈巧、或運作不好，這完全是因為身體變化的關係。又，當第二性徵出現時，會使得年輕人和其同輩之間產生差異。

無論男性或女性，只要第二性徵一出現，年輕人往往無法產生自負心。也就是說，這個時期他周圍的人，會很注意他的身體變化，使得年輕人想把這種不愉快的徵候，隱瞞起來。

此時的年輕人，就會臆想著，自己和朋友們情況有那些不同，又與昨日的自己之不同，甚至想到，明天的自己，又會變成如何？

相同的，年輕人也會注意觀察他人特殊之處，或者特別發育的地方。因而，有時候會感到不安。如此注意他人的身體變化，也關心自己的身體變化，整個腦子，都充滿了這方面的情況。同時，不僅會注意他人的身體狀況而已，對他人的言行也會相當敏感，有時，甚至會變得很有攻擊性，或沈溺於夢想中，一個人靜靜沈思，不想與人說話。

在這種不斷的進展中，年輕人也會對已經變得不適當的部分，做自我檢討，這種檢討的意識，就能支持年輕人的精神狀態。也就是說，對自己的存在性，是相當關心的。自己身體的性感帶也在快速度下變化著。

不過，年輕人會想讓自己確認性的性感帶為如何，並且還會想著，和自己同性的人，所共同擁有的這種狀況。對這一切，也就會自言自語、自圓其說的非讓自己「瞭解」不可。同時，他也會覺得，自己要變為成人，首要的便是自己的身體也須逐漸變化像成人才可以。可是，這些深刻的突如其來的變化，必然會使年輕人感到困惑。

年輕人有時候，甚至想抑制這種變化，有時卻反而想讓它促進。也許又會想到這種慾望或恐怖感，對自然生成的神秘性律動，無法配合。

是魅力也好、厭惡也好，反正，只要一看到異性時，就會產生某種不安感、或性的不安感，年輕人雖然也感覺到了，卻不敢承認，對這一種情況更不知道要如何表現才好。因此，就將這種不安感放在內心深處。而對這方面不安感的範圍，也就越來越擴大，因而情緒也就更加混亂了。

男孩和女孩，在小時候能夠一齊唱歌、一齊遊戲。可是，到了這個時期，彼此就會在不知不覺中分離，並互相輕蔑對方，或感到不安。雖然如此，彼此還是會互相觀察的，這就不能說對異性毫無關心了。

如此的過了一段時期之後，又會慢慢的對異性產生關心、而互相吸引對方，終至互相接近。

這個時期，容易衍出遊戲般的戀愛時期，但是和小孩時代的天真無邪狀況，已經差很多了。此時，相當容易產生頭一次的戀愛熱情滋味。

由於對事物的容易熱衷，又容易受到暗示，另一方面，卻又因為知識的不豐富因而此時期的年輕人相當容易受傷。所以年輕人周遭的人，往往很難對年輕人質問有關小孩們不喜愛回答的問題。

如「羅密歐與茱麗葉」及波爾與比爾吉尼，年紀相差無幾的二個年輕人，很容易就發生命運性的戀愛挫折，就是這方面活生生的例子。這些故事告訴了我們，青年期並非現實成就的年齡。換言之，也就是憧憬和可能性間的不均衡，所以容易產生挫折。

在手腳不靈巧、具狂熱性的事事要講道理的意識追求下的此種青年期，雙親與子女對這方面的反應又是如何呢？

此時，最令人注目的是，對於自己子女對於成人的生活，和家庭外的活動開始活潑時，雙親總是會出現神經過敏的現象。

當然，雙親的態度，也有許多合理的理由。而對於幾乎站在性活動的入口處、將要展開這方面行動，而一切尚未穩定的子女人格來說，卻是充滿了危機。因此，雙親對此狀況感到不安，也是理所當然的。

在更進步的環境中，就可以利用「性」的資訊了。而且這種情況，也許可以使得青年期的一些礙障，減少到最低限也說不定。不過，這種問題，確實是不單純的。關於「性」資訊的缺乏，有時候，也可以從朋友或戀愛中得到一些不完全或錯誤的資訊，然而多半會帶來不良的結果。不過，如果這種想法是對的，那麼，對於傳遞資訊者或物的品質，就會有很多的看法和意見了。

雙親總是不太喜歡讓學校來承擔打破性禁忌此一責任，本身卻不願承擔。雙親在這種情況下，一定會回憶到自己青春期的青年時，確實有這方面的困擾，而且，這種困擾在人類文明中，往往要從傳統的固有禁忌中，才能夠發現有關性生活的方面。

事實上，從青春期的初期，才開始展開性教育，似乎嫌太晚了。性教育應該在更早的時候就開始的。因為在更小的年紀，關於一些性問題，對小孩的情緒，就不會產生很大的影響，只會當作一種知識或資訊來接受罷了。所以，性教育應在更早的時期就開始，這樣年輕人就在適當的環境中，一點也不會對性問題感到困擾了。

此時，對本身的性衝動，因尚未有所體驗，也可從他人請教到心中所抱有的疑問及問題。如果，這些疑問想靠雙親解答，就無法接近性器生活的諸相了。而且雙親對子女在這方面的幫助，往往在技巧上顯得太過於笨拙。對年輕人來說，一天天的對性更有所發現。

相反的，雙親總是不敢把性問題，提到最前線來說明，而一直逗留在不安感的無知中。又雙親對於青春期會產生的各種現象及重要資訊，往往知道的太少。

此時期的性進展，往往是先經過一時性的男女二性的外相。對於自己所追求的異性而言，男女雙方都會感到若干的猶豫及躊躇。在這個時期，連結男女雙方的是，熱情的友誼力量，更勝於熱戀的愛情。

也可以說，男女間的友情，能夠支撐男女二性間的曖昧狀態。這個時候，也會出現一時而又不深厚的同性愛傾向，不過，很快的就會消失的。此時期，也是本能的偏差狀況會出現的時期。

自慰行為的再發，在此時期，也會頻頻不斷的發生，因為對性的本能衝動，年輕人總是無法能以適當的反應來處理。

雙親總是會害怕，自己的子女與不良青少年交往。如果沒有管教好，雙親總是把此一責任加在自己的身上。其實，這種事不值得雙親感到不安，因為這並不是很重要的事情。

不過，對於智能不足者，或家庭有問題的年輕人，和不良分子交往，事實上，還是有發生危險的可能。一般而言，年輕人的好壞，總是不會受到一種固定形式的影響。年輕人應該和各種人接觸，才會培養出更好的判斷力，而能注意不讓伙伴利用而受害。

如果能夠身處一個良好的團體中，那當然是最好的。年輕人能自雙親得到教導也是很不錯的。不過，在這個時候卻有些問題了，這是因為代溝所引起的糾紛和不信任，所以要相當注意。

雙親與子女不和的原因，有時是因雙親的性格所引起。雙親有時對子女的變化一無所感，還是依以前的態度，或把長大的子女，仍然當小孩般看待。這種態度，對雙親來說，雖有一時的安全感，卻會產生不良的結果。

子女自治權的勝利，對於雙親而言，猶如對子女有一種敗北的感覺。青春期，實際是個很難應付的重要時期。而雙親若在此時對子女嚴格要求，或想控制他們，無異是對發展中的年輕人的人格做加強控制，而有更要其服從的期望。因此，一般會造成兒子會想像父親要我如何，而我則如何行動為前提條件。這種服從、不管是表面的或暗地裡進行，總而言之，就是承認雙親的要求價值。

可是，這種無條件的服從，對已有人格感覺的年輕人，往往會產生明顯的，或暗地裡的復仇心裡，或反覆而焦躁的小反抗。如果嚴重的話，就會離開家庭，或鬧出犯罪事件、自殺等的拒絕反應。

大家也知道，年輕人的自殺原因，總是很平常的，乍看之下，只有輕浮的動機而已，不一定是為了虛榮的目的才有輕生的行為。

但是，如果從另一角度來說，就和前面所言的事情大不相同了。在青春期的本質上，並沒有什麼新鮮的問題，只是本來已潛在的一些問題，在此時發生於子女，也發生於雙親罷了。

如伊底巴斯（Oedipus，希臘神話中，鐵衛國的國王，因其在毫不知情的情況下，殺死了父親，又娶母親為妻，後來知道真相後，挖掉了自己的雙眼做為自我的處罰）的問題，或出生後一年的各種困難問題，包括哺乳、教養、離乳等問題，會在青春期中，使得年輕人有不安的反應或產生矛盾，對立的情況，而引起一連串的問題。

年輕人往往會對雙親的某一方，特別的親近或懷有敵意。如果父母並不是很和睦，往往是引起年輕人近乎絕望的復仇原因。對旁觀者，這種子女，猶如它不屬於父母的了。

可是，雙親還是想竭盡所能的強制拉攏。此時，子女就會發現，原本以為很完美的成人，也有弱點和錯誤，尤其對於雙親離婚的子女，或孤兒等年輕人，就會咀咒自己，而雙親本身也會把這和咀咒發洩於子女身上。

相反的，也有些雙親，只顧自己的問題，對於子女的成長時期，卻毫不關心。根據罪惡意識的情感下，對於子女的物質滿足或偷竊行為，作了過分的取悅行為，此種情況，對一般的子女來說，就會產生耐不住的不安感。所以，此時的年輕人，往往會做出違反社會的行為，或逃避現實的病態行為。

這就是，雖然對年輕人並非不關心，可是卻會促進年輕人的犯罪行為，或讓年輕人做了不正當的行為，而讓他們自我處罰的矛盾。

雙親對於這種進展，應有適應的態度。而在此種難應付的時期，要怎來選擇生活呢？有些雙親，採取了聽其自然發展的態度。如果對年輕人用各種形式，例如：用遊戲性的、或更激極性的一些談論，而對子女的攻擊性，採取寬大態度，子女的緊張度，就會降低很多，就能避免某些激烈的行為。

但是，這種企圖的實現，並不容易。想要小孩子能夠表現攻擊性，單是雙親有能夠接受的心理準備，還是不夠的。因為從小孩時代，就接受父母管教，使得子女往往無法表現出攻擊性。

當然，雙親在指導前所採用的態度，並未完全掌握到。因為，父母的固有氣質，與小孩的固有氣質的不一致，對這種決定，總是會有所影響與限制的。

反正，子女認為，對自己絕對性——而且是無條件——被疏遠，是件很難理解的事。小孩子的情感發展，是斷斷續續的，並沒有一定時期和一定秩序的。不過，大家對小孩子，就會用比較寬恕的態度來看待，雙親的愛心，當然會顯得更有節度些。因此，雙親和小孩之間，就會有某種隱約的教化存在。原本不講出來的事，會逐漸的顯現出來，因而造成心情沉重的現象。

受到母親過分保護及溺愛的小孩，就好像被俘擄的間諜一般，又好像受到虐待般，自己有時都會感覺到。和自己越來越疏遠的父親，或處處都顯得很有自信的哥哥、姐姐，就會看不起他。如果甚至自己的弟妹也會有瞧不起自己的現象，那麼，這個年輕人就會很直接的認為：也許自己就是一個罪惡的人！

像這樣的一個時期，我們往往可以看到許多行動上的障礙，比如說：此一時期的年輕人，往往會一時的幻想，而隨便的編造不確實的故事或說謊等。無論是對朋友、對家人，有時甚且也會對自己，說了一些美麗的謊言。

不但如此，年輕人甚且會認為這是理所當然，而且是很正當的，同時，會把這種理想的說謊目標做為目標而努力。

不僅會說一些自誇的話，有時為了虛榮心，也會做一些偷東西的行為，或塗改學校的成績單，來使自己評價得到更好的慾望上去。此時的小孩，往往連自己的來歷，都會抱有懷疑。

青年時期，所顯出的特性中，也有一些是可以適應的良好徵兆。譬如，對媚態的開始關心，對某種社會問題、對他人的好奇心等也會出現。相對的，也有一些是令人擔心的，例如：莫名其妙的拒絕態度、性的拒絕否、追求野蠻的事，或忽然對事物失去關心，或變得自閉性及黑白顛倒等。也就是行動上的障礙，就益發複雜化了。旁觀者也許會認為，這個年輕人有些變態，因為他會發生許多令人意想不到的事來。

總言之，當自己很想被寵時，結果非所願，未能受到關愛，或很明顯的表示態度時，年輕人就會認為「別人都不了解我」，自己也就會迷惑，自己在家庭中的位置在那裡？一有這種狀況，在家庭裡的人際關係，從此就會產生二種情況。

表面上在日常生活中，年輕人會認為雙親尚將他當作小孩般的看待。而事實上，在雙親物質、精神幫助下生存的小孩，可以說是雙親的延長線，一切都要配合家庭集團的活動範圍。如果小孩一有脫離此範圍的現象，很快的，就會被這個集團感覺到，而遭到被消除的命運。

但是，在另一方面，幾乎是在同一時期中，家族的每一個人都會很清楚的感覺到，這位年輕人，在身體上或精神上，正有著快速的改變，因此，對此年輕人的要求，也就隨之增加了。

一般而言，小孩子對於自己所希望的將來要負責，卻又不能接近成人所擁有的特權。因此，有幾年之間，對於思考、精神方面，甚至連性活動的領域中，幾乎沒有發言的可能。

這種意識的雙重性，就給日常的家庭關係中，帶來了混亂。結果就會產生要表明意志，或互相交流的困難環境了。這種意識的雙重性，對年輕人來說，是很需要「內密性生活」的證明。

性方面的壓力，在情緒上，就會想從不足的資訊，或自問題的特異性來獲得解答、滿足。但是，由於這些仍無法解決，所以，只會徒增混亂和障礙而已。一般而言，由於每天對資訊的傳遞手段、力量逐漸強化，所以因資訊不足，所產生的障礙、困難，有逐漸被解除的傾向。

資訊之所以不足，而產生障礙，是因為以前舊有的資訊傳達，完全是靠傳統的教育者，也就是靠雙親與老師。但是，隨著年輕人離開這些教育者，因而資訊不足所產生的障礙，逐漸的就淡薄了，終於成為過去的事。

儘管如此，無論演變的情況如何，要成為一個完整的成人女性或男性，並沒有像外表上所能感覺到的那麼簡單。因為人會臣服於教育、環境、道德意識的壓力。無論男性或女性，都不會積極的想成為第二個父母親，或比父母親更好，也不喜歡那麼快就承認自己即將成為延續後代的生殖者。

不過，在女性方面，由於從基督教文明中，得到了傳統特權的母性本能性格，比較容易承認自己是女性。但是，在男性方面，則表達的無如此清楚。

男孩子在性方面的成熟，總是有一段很長的時間，會對自己產生很多問題，而且會為了要證明自己是男性，而困擾萬分。同時，也為了能接受此種任務之問題，感到信心不足而煩悶。

無論男性或女性，一面臨到自己改變後的新狀況時，往往會採取充滿矛盾的態度。然而，由於對自己的態度，並沒有深刻的意識，當然也不會感覺到某種責任了。

這種矛盾的信念，及對立原則的動機，是不明顯、不清楚的。可是，對於開始青年時期的子女與雙親的關係上，卻是最值得注意的事。

3. 自我的形成

自我的問題，包括了性的問題，及對環境的適應問題等。不過，還是有超越這些問題的情形，甚至連人格還沒探究的範圍也會有所關連。但是，自我的問題，要想能夠了解到是位於另一種水準，必須是這個年輕人成為成人，且能夠負起一家的責任，成為家長，同時，也要證明他能夠維持兒童的人格才可。

經過成長的歲月，從兒童時期邁入年輕期的人，要確認自我的立場問題，就會來臨。為了探究自我的問題，縱使自己認為是進步，可見最好還是需要有確實的解答和整理。以兒童來說，對於一些沒有決定性的事物，就會很簡單的認識自己或作證明時，總是看了表面的要求，就會有所反應的，這也許是自我的意識消失的關係。

不過，與其說自我意識的消失，倒不如說自己的認識不夠。在這個社會上，並不是只存在著很充實的解答而已，其他被動的作用、未知傾向的出現、過剩的情形出現，未調整好的衝動的出現、在兒童時代所得到的各種觀念的推翻等，也都有關。這才是現實世界的一些動態。

在青年初期的兒童，對於自己遭遇到的東西，總是會帶有迷惑，往往會有把自己當作「他人」般的感覺，或者會有那是「人家的事」一般的感觸。有時，還會有「如在夢中」的感受，因而感到煩惱。

簡言之，就好像自己是站在一個無直接關係的戲台上般。這種兒童時代的暗地裡分裂過程，是從一個人誕生以後，在暗默中隨著歲月的累積，而改變自己的必要序曲。

精神分析，對於自我形成方面，或對內心的衝動性和道德的壓力之間，要來調整自我的時候，就會提供最有益的資訊。「對自己本身能夠做到的某某事。自我就暫時性的來形成輪廓。換言之，由本能和外部世界的壓力，此二種力量的平衡維持，才來做暫時性的裁斷和形成輪廓。」

很多學派，也對自我的形成發表很多意見。例如：英國神經病學家傑克索就曾說：「自我的形成，是透過神經系的成熟而逐漸形成複雜的構造，慢慢的到了高水準的過程中自然就會產生的。」也有人說自我的形成，是因為獲得了神經領域的權限，才會發生的。

也有人認為，如皮爾・馬爾所說的「第二機會」被實現的有著父親像的情況下，才會產生。自我的形成，會使得有個性的人格構築成為可能。

想要記述青年時期的各種類型，這是做不到的。因為，每一個年輕人都不相同，而且也都有自己的獨特性。所以，自我問題的解決，可說是屬於個人的。在這種問題的解決上，可以看到的唯一特點是，年輕人的自我充滿活力。也可以說，具有方向及最後目的特點。

不過，年輕人的這種力動性是相當不穩定的，並未有規則性的進展。甚至可以說，和規則性完全相反的。也就是，從自己的內心深處，或對環境的誘惑，顯得很敏感。在一時的想求平衡的意念中，往往會突然的跳起來，或做伸懶腰動作，或忽然停止，有時還會有後退的情況發生，這都只是不斷的動而已。

另一方面，這種力動性，會存在於較固定的範圍中。這是因為環境（周圍的人、家庭、社會）比年輕人的自我，更沒有變化的主體。

同時，也為了同樣的理由，環境對於年輕人的自我被動更敏感，因此所引起的反應，也相當大。這時候，想求穩定再適應的相互作用現象，也就產生了。這是不可避免的過程，可是這個過程，對自我的形成是有害的。不過，有時也會成為有利的。

大體來說，社會——家庭這個環境的堅固性，是必要而有用的。年輕人往往從這個環境中，能夠發現到有利的支柱。縱使表面上年輕人會拒絕，但年輕人還是會發現他們在這個環境中，諸構造能夠紮根，而且這些構造是准許他們的存在。可是這個堅固的範圍，如果使得年輕人和社會間引起了不能回復的對立現象，或對年輕人的自我構築產生了無用而對社會無理由之固執，就會變成有害。

4.年輕人的風貌

青年期的幾年之間，在物質上和道德上的各種絕對條件中，也可以說，是在特殊的情況中展開。

傳統的資料，過去也聽了好幾次。例如：在物質方面，即為兒童的自治權之獲得；而在道德方面，即為確立成人的責任感。在此二方面，個人具有的氣質，往往會在家庭中發生衝突。

關於幼童發生問題時，總是按照以前的解決方法來處理。但是，這種解決方法，隨著小孩的長大，而變的不夠理想，這是很明顯的。因此，暗中的摸索、錯誤的操縱和嚴格與放任的反覆現象就開始了。總之，在成熟以前，會經過一段不穩定的平衡狀態。

不過，進入現代之後，增添了一些新的特徵、跡象。所以，幾乎令人感覺到傳統的要素，都快被去除了；而新的形象正醞釀著，例如，都市的環境。

家族性一般而言，其存在狀況已有相當長的時期了。可是，儘管過去他們曾固守著這個狀況，但是，今日現代的狀態，大異於昔日。過去，傳統的賦與父親之重責，現在，則由社會來繼承。

例如：小孩的教育、對社會的觀念、職業的選擇、例假日的活動等，都是屬於這方面。父親受到工作經濟法則的拘束，對於維持物質生活的複雜性，已搞得筋疲力竭，幾乎無法真正地享受休閒活動、或自主性。雙親為了日常的勞動而疲憊不堪，並對將來有著不安感，而變得膽小無衝勁。有時，甚至會感到一點也沒有英雄的本色，或年輕人所期望的榜樣。雙親的此種沒有成就感，是會一一映入兒童的眼中。

成長的時間性、律動，也隨著改變了，時間也很快的就過去。如今即使是同一家庭中的子女，彼此斷絕關係的，也不難看到。現在的年輕人和往昔大不相同，他們是既老練又明敏。此點現在的觀察家也已經注意到，並知道現在年輕人成熟很快。

不過，很明顯的，現在的年輕人，既無基礎，又不守傳統。這種狀況，就是年輕人的基盤，這或許就是年輕人在雙親的看管下，想要從傳統脫胎換骨。

實際上，年輕人已不相信環繞著他們的社會，因而年輕人的孤獨性相當大。有時，他們也會睜大眼睛來觀察一切，其結果就知道，在廣闊而充滿欺瞞的集團中，自己也會成為過來人。

如果，當家族中的一些規矩鬆弛時，往往一些會使得成人感到困惑的新規矩，就會隨之形成。年輕人卻猶如司空見慣般的接受它，並且參加一些群體或組織，而且年輕人對這些一點輕蔑或排斥性也沒有。

不過，會有參加組織的想法，也只是短暫性的。有些人在參加組織之後，往往不久就又會去參加其他運動團體，或郊遊之類的俱樂部組織等。也有人對一切的組織，卻以厭惡、鄙棄的態度來拒絕。

還有一些新的事實，是相當值得注意的。那就是，年輕人不把國境、或國籍的差別放在眼裡，這也就是年輕人間的連帶性、或同胞意識的誕生之因。不管在地球的任何地方，反正，年輕人與年輕人之間，就會有一種奇特的親近性，而這種親近性往往超過家族的親近性。這也是理想中的自我投射，也許是他們逃避孤獨性的想法。

可見，從年輕人這種開放性和活躍性中，我們可以看到新型態的文明與文化即將開始，同時，也看得到，年輕人廣大的連帶性美夢。

如今，年輕人已不再把成人當作偶像或模範來模仿，而且年輕人互相追求的共通點，竟是連男女的差異都不在乎般，不但想搞亂男、女性的身體差異，連生活方式，也想搞得男女都要相同。

更甚的是，想靠著他們的伙伴，一齊來實現這種狀況。其結果，使得男女的傳統任務，發生了幾乎黑白顛倒的奇怪情形。而在誘惑的遊戲中，女性比男性更富有挑戰性。女性有時還會對男性擺出一副「母親」的態度來，而且更容易的能接受自發性的保護態度。

不會受時機影響的，如流行、技術、思想等，其傳遞的規模，幾乎都是世界性的，而且傳遞的相當迅速。這就是使用新的文化工具——大眾傳播手段，具有集團性的傳遞方法。這種視、聽覺的環境，並不是靠概念的媒介來進行，而是靠直接的知覺，對個人起作用。這種方法，對感受性較強的年輕人，尤具功效。

此種資訊技術，似乎有滲透性的力量，一些有關主題的知識，都會很快的就交給了年輕人。

對這種無所不教的「另一個學校」，我們嫉妒也是沒有用的。它似乎有著除傳統學校的趨勢。不過，這種狀況嚴格說起來，也許是一種每人都須負責的文明中的反應而已。

在以往世世代代對立的爭論中，成為這種原因的部分，就是我們過去所採取的措施。而使得年輕人變成這種程度，也是我們過去認為有價值的努力的新階段。現在，它是否會被每個人所接受，這就是原因所在。

二、情動和行動

觀察年輕人成熟中的過程之餘，仔細的看看他們的情動生活和行動，實在是件有趣的事。

在家庭中的「對鏡症狀」性反應，在前面曾說明過。這種共鳴性的現象，就是年輕人的各種情動，在衝動中，或不穩中增大的部分。所以，想要做直接的觀察，還是會有所困難的。因為年輕人有心要做隱瞞，或想辦法控制情動，不向外部顯露。年紀小的兒童，雖會將各種情動的有趣部分自動的表達出來，但是，年紀稍大的年輕人，卻往往故意裝傻，或故做不關心貌，或表現出一副諷刺性的態度來。

對於這種年輕人的沈默現象，雙親當然會想辦法來攻擊，而年輕人也就會更強化防備，因而使得雙親會頹喪、歎息。也許有的雙親會說：「我對這個年輕孩子，確實真的不太了解。」或：「這些孩子，好像對任何事物都漠不關心，無動於衷。」或許會說：「這個孩子悶不吭聲的，到底在想些什麼？讓人不知道也摸不透。」諸如此類父母親不滿、不平的控訴，是我們常聽到的。

有人把年輕人的這種態度，簡單批評為年輕人的內向性。其實，這種關閉的情動是很強力的，只是儘量的在忍耐而已。因此，有時超過忍耐的界限時，往往不是因為很大的原因才發作的。可是，卻會爆發出不成比例的無秩序的、且意想不到的反應來。

那麼，年輕人可見性的情動，到底有那些呢？

大致說來有二種。其一為抑制行動；其二為非常活潑，而有時會引起激烈反應的。

恐懼感，似乎時時刻刻的等待著要來打擊年輕人的意識，當然，恐懼感也可分為好幾類型。譬如說，孩童時代恐懼感的再發，也會造成激烈的恐懼情形。其他如對父親的恐懼，對失敗的恐懼，認為自己和一般人不同的恐懼，而更嚴重的，即為幾乎要超過意識界限的恐懼，也就是本能性的恐懼感等。

然而，這些恐懼感也會隨著對自己的將來，及成為成人時，而逐漸的發展，或改變的。在學業上落人後的年輕人，如果和未升學而很早就在社會上做事的有薪階段年輕人比較，當然會對將來產生更大的不安感，因而倍加困擾。

憤怒、嫉妒、憎惡等情動，不管是真實的，或是想像的，會將他們所受的不公平，或慾求不滿的感情，充分的表現出來。而這些情動，一般還帶著罪惡感。這種情動的發生，往往容易引起年輕人不佳的情緒，或抑鬱性格。要不然，就是對家庭做出不當言論，甚或採取攻擊性的行動。

在此，也將論述本能性的衝動，和從感情生活中表達出來的一些情動。

例如：熱情的友愛、男女相戀的感情、性的慾求等。這些都是有著很強烈的情動性。所以，對自己的統一感而言，就會產生不安，而年輕人本身也會體認到這些情動，又為了自己的成長，很想有效的利用這一切，因而運用了各種自我防禦的方法，甚至會把每天使用的某種武器，做更有效的利用，這種武器即為新獲得的知的能力。

合理化的能力，對於孩童總合性的人格，有著決定性的功用。並深深的影響著孩童的人格。孩童的精神，總是以情緒為基礎的，而且是在最初的幾年間就形成。但是，隨著年紀的增長成為青年人時，由於理性、判斷力、形式的思考等訓練，整備的能力經分解之後，又再組合、構成。因此，在這種轉變下，做為成人知的能力，和孩童的情緒間，就有著某種內部性的矛盾產生。不過，這卻是相當重要的。

理論性的思考，對年輕人而言，會有無限制的感覺。在另一方面，還保藏著小時候的情緒性之幼兒圖式，對於年輕人的改變，也會有所妨礙的。一般而言，青年人按小時習慣路線來行事的傾向很高。所以，欲解決新問題，也常常是按過去習慣性的作法，亦即為感情性的作法。

不過，隨著日常生活的經驗，年輕人的理性和判斷力，也逐漸的發達，而憧憬的目標，也隨之提高，理想也內向化，而且，會對家庭以外的英雄，做投影的崇仰。

過去，對問題的解決，總是依賴著如全能的神化身的父親，或父親的代理人。他們認為，由處理問題的最高權威全能神，來解決一切，是理所當然的。這些都是兒童時期的魔術世界。

不過，一到青年期時，年輕人就開始破壞這個世界。因為一方面要將新的體驗合理化，一方面還想延長兒童時期受到保護的世界。因此，在這二種因素的交雜下，會產生一些矛盾。而面臨選擇的這個年紀的年輕人，既然具有這種二面價值，很自然的會產生一些不安感，因而表現出無意識的自我防禦，又與按理論來思考的結果混合中，成人的人格，也就逐漸被構成。也就是，當面臨此二種狀況而需擇其一時，就開始構成了成人人格。

三、第二次的斷奶

在地球的文明日益進展下，正在發育的年輕人，當然也會經驗一些意料之外的現象或變化。雖然年輕人對於要培養人格的形成生涯中，有著相當的適應性。但是，又因在一切的生存競爭中看到了各種行動、或面臨了各種情況，因而往往就與變化相對峙著。

孩童時代，和成人時代的世界，有著不一樣的意識存在。因此，年輕人在日漸增長進步中，應該以想排除孩童性的意識為方向才可以。不過，尚未成熟的年輕人，由於過去經歷過孩童的社會，因而想把這種社會中依賴他人，或情緒性行動完全的捨棄，是不可能的。同時，想一下子擁有充分的權力，達到成人的領域，也是不可能的。所以，對年輕人來說，對尚有幼兒性格的自己或周圍的人，應稍微疏遠、保持一點距離，這是很必要的。

不管這位年輕人對雙親是否有著尊敬的意念，雙親將會成為年輕人成長中的最初犧牲者。在傳統規矩下的情感，和本能性的衝動所產生的糾紛，會再引起過去的「戀母情緒」，因此，母親也許會成為最有關係，也是最危險的敵人。因為雙親為年輕人愛的對象的關係尚繼續存在。

另一方面，父母親對小孩的變化做摸索，免不了還存有對孩童的依賴感而安心的情況下，使得這種問題，發展的更複雜。

不過，從子女的立場來說，他們只覺得雙親在本質上，只會抑制孩子的行動而已。因為，雙親在管教孩子時，或多或少還是會取過去自己的觀念或生活方式，而且對子女的態度，總是基於情感上的對待，往往由於愛孩子，卻反而意想不到的，使得孩子處於混亂的感情之中。

所以，第二次的斷奶，是勢在必行的，而且進行起來相當痛苦。此時，幼兒期的最初情動或反應會再次顯現，這一點是必須了解的。因為按照現在的氣質和過去的體驗，一定會有多變化的跡象出現。

1. 青年人的內向性

有些青年會不聲不響的自我行動。他們感到自己和社會之間，有著一層隔閡，因此，就認為如果逃避這層隔閡，就不會受到損害，或衝動不安了。所以，就有反抗的潛在。同時對自己的一切都沒有信心，生活充滿著灰色。而在這種不透明的世界裡，只要自己一有懷疑的地方，為了要迴避可能的衝突、誤會或苦惱，就會想辦法解決。

那麼，到底有什麼辦法呢？這個時候，他會拿自己和他人做比較，也會聽取別人的意見，尤其是自己認為很理想的朋友之意見相當聽信，並加以試用。也可說青年的特質之一，就是這種狹隘的習慣等。

儘量的去模仿他人，這是青年人生存下去的必須條件之一。不想引人注目，就是對自己的一種防禦，又因他人和自己相似，因此，他人也自然會以同樣的態度，來看待此青年人。

他們為了要使自己更有確實感，而需要他人的愛心、更希望受到朋友的歡迎。然而，事實上要達到這些欲求，並沒有那麼簡單。因此，他們也會自我反省，而自其中發現一些自我安慰性的喜悅。像這種沉溺在自己的愛中而感到滿足的情況，即被稱為青年人的內向性。

其實，這並不是真正的內向性，因為他們會時常注意外界，而他們的判斷理性，也常由於社會的訓練而增長。青年人的內向性，往往是很抽象的理想主義，有時還帶有神祕的飛躍性。無論是男性或女性，總是會在日記上儘量的傾吐、表現自己，使得成年人看不到年輕人的情動。

感受性豐富，又有自負心的孤獨性強青年，不想和現實接觸。他們認為和現實接觸，只會產生困難和苦惱而已。這種人不喜歡從日常生活中得到體驗，而喜歡追求美夢，作自我安慰。所以，想要描寫這種人的人格，就應該重視其內在的生活部分。

「內密的生活」這種生活是為了自己才進展的。有時，在冥冥之中，也是為了犧牲自己的契約，或有關的信奉者，或為了親密的親友，才進展的。而且在失意，或可能、現實混合下的情況中，所體驗到的痛苦性不調和中，就會發現這種情況。日常生活中，免不了會有衝突、限界或束縛。所以，內密的生活，就充滿著美夢。

靠沈默或逃避，而存在的理想主義傾向，大致如下：

高潔的友誼，普遍的正義觀念，拒絕一切妥協，對偉大或獻身的野心存有夢想，處於以上的這種情況中，才會發揮精神力量。而逃避到內密性生活時，往往由於誇大的幻想，所以會出現自愛性的自我欺騙。沉溺於此種情況中的青年，平常是不喜愛面對現實，而一味陶醉在新的憧憬中。而且有這類青年的家庭，在日常生活上就感覺得到，很難取悅這種青年，而他們也沒有半點親切和諧，在他的身上所能看到的，只是厭世的利己主義。

青年這種雙重性的生活情況，有如平行線般，各走各的。如果相遇，就會排斥他人，這樣自己所追求的慾望，總是無法和現實配合。不過，這對一些年輕人來說，卻可以彌補一些本能性的障礙，或孩童時代的理想消逝，及對現實沒有具體的刺激性。同時，以後道德意識的基礎準備上，於此時，就可能會奠定。

年輕人會對內在的衝動採取自衛行為，同時，為了達到目的，也會借用各種防禦力量。安納．胡羅德就曾對自衛方面的禁欲主義及理性化做了一番研究。

「年輕人，對於本能的質及量方面，都有著相同的害怕。……他為了避免被性所污染，因而很努力……儘量避免社交……拒絕可改換氣氛的情況……。我們會常看到，對於一些和他有利害關係，或是有需要的對象，他都不願插手。」

「理性化會提供作白日夢的一些材料。年輕人對於抽象性的問題具有興趣，而做為討論的材料，也會做為精神反芻的對象。年輕人對這一切，有著很大的欲求。」

這就是和內部的一切衝動戰鬥、而想維持自己平衡的「昇華」樣式。不過，對這種狀態，精神醫生總是認為，在將來的治療上，有著不好的預測。理想化或合理化對自我的統合是有用的。如果想勉強的解釋，就會和現實格格不入，而產生精神分裂症。

能解除精神緊張的另一個行為是自慰。在各種年齡中，自慰是普遍可見的現象，尤其以內向的年輕男性更是頻頻為之。自慰行為在幼年時代，常常看得到，不過，到了所謂「潛伏」的期間，就會漸漸淡忘。但是到了青春期時，由於常常焦躁不安，因而自慰行為又出現。

當然，有時是為了要了解自己的身體構造，才做自慰行為，同時，自慰行為也可以鬆弛不愉快，又不安的身體緊張，更可以來探究發現的性問題。

由於不喜歡與人交際來往，因此，在家庭中就會有孤立感。又因逃避愛自己的關係，所以也有孤獨感，這些孤獨感，最後終會形成了抑鬱狀態，然後再透過自慰行為來彌補，而獲得快樂。

這些青年，在這個時候，就想和成人挑戰，並想把自己與成人做同等看待，同時證明自己也是男人，這是他們唯一得到的自治權。

有時自慰行為，也會引起罪惡感的。這種行為使得年輕人更不想和社會接觸，結果，更促其做自慰行為，這是一種惡性循環。如果強烈的禁止自慰行為，則罪惡意識就會增加，而發展為神經性的、強迫性的性質。

如果，又對他們作一些毫無根據的恐嚇——例如將來不能生小孩，或將來會變成精神病人等——只會使青年人害怕，更加認為這是罪惡行為。如此一來，更使他想逃避一切，而有不安感及患神經症。

在家庭中有自慰行為，總是會被間接的禁止。不過，此禁止卻很微妙的帶來罪惡感，這是大家必須了解的。

宗教性的罪惡感，或道德觀念，給這種狀況加上了苦業的行為，或慣例性的贖罪儀式，使得青年人更有錯誤和罪惡的迷惑感。因此，想減少青年人的自慰行為，對於發生這種行為動機的願望及欲求，就該想辦法解決。用嚇唬或禁止的抑制方法，不但於事無補，甚至會有危險性，這個說法已得到確認了。

2.青年人的外向性

此與內向性恰好相反。有些年輕人就有著攻擊性的人格基盤，而變成處在永遠的鬥爭狀態中，誰都管不了，他們的拒絕，也會有許多方面的影響，這種行動相當明顯，摩里斯·都貝斯曾研究過，因而成為古典性的名稱，這名稱為「年輕人的奇異危機」。這位研究者說：「奇異危機的焦點是自我的發現。」他還把這種危機解釋為「革命性發展型」的年輕人之自我確認。

可是D·歐里里亞就比較重視工具性的理性。「年輕時代的奇異性、就在情動力及無法形容的本能力精神領域中，會逐漸長大的工具性理性所影響的結果。」如此，奇異性是因為要解決問題而使用工具性理性時，就會產生。

年輕人的奇異性，也可以說是自我確認的表現。但是，更可以解釋為，對自己懷疑的表現。年輕人無法了解自己的天賦，因此，對於自己的奇異性，也無法確認，所以會想辦法要他人來共同承認一切。

因為年輕人的知性未臻成熟，所攜帶的都是些不管用的武器，所以年輕人為了要人承認他的奇異性，總是使用表面化而大規模的人工產物。

例如，對一些理論，都要作反其道的顛倒考慮，並輕蔑傳統的觀念，隨便做了決定性的斷言，發言時充滿矛盾，態度與行動並沒有妥協性等。因此，他會受到神秘化慾望過半的欺騙。不但如此，這個慾望，一方面會想解放自己，一方面又會感覺到有深刻的對立或執著，而且表達出來。

奇異的年輕人，與其說是要露出自己，不如說是要掩蔽自己。因為這樣做才認為是有價值。但是，把這種虛偽的觀念故意於人前表演，使他人無法了解自己的真相。

如變裝，也是年輕人所喜好的，這也是要讓別人對自己有所錯覺的方法。如此，很多人並無多少內容，遂處於空虛的狀態，這種狀態也是一種自我逃避的姿態。如果和現實的社會接觸，就會有暗示性精神分裂症的程度時，就要擔心是否會患有離人症（對自己或外界，無法感覺到生命力的症狀。尤其是精神分裂症、憂鬱病等的精神病，就會有這種狀況）。

會隨便離家出走的年輕人，以十二歲到十八歲的男性青年居多。至於出走的理由和動機，無法統一，不過，都是有原因的。D·歐里里亞指出，長久累積在心靈的情動、太過分緊張的結果，才會造成離家出走。關於這一點，在年輕人情動活潑性的項目中，已說明過。喜愛冒險及使用強力的行動，也往往與離家出走有關，這也是現在的文明型態中的一種發洩。

關於這一點，體制化的社會中，雖然利用多餘的悠閒時間，卻不能真正的鬆弛緊張、也不會成為人格自發性的解放，只把勞動的拘束，改為新形式的拘束而已。例如，運動、團體旅行、長期休假等。非但如此，想得到精神上的鬆弛時，都是要花錢的，不然就是受到很多的束縛（安排好的時間表，長途而令人疲憊不堪的旅行，參觀名勝古蹟等）。

也有一些年輕人過著放浪式的生活。這些年輕人隨便的在地球上的馬路、尋求地球的樂園，這是拒絕社會秩序的新型態，也是為了要逃避自我的形成問題，而用此放浪生活來掩飾一切。

這種方式，並無從家庭出走的那種內密性或衝動性的性質。相反的，卻具有獨自的法則和理想；可以說是一種友愛和非暴力的運動，而依一種內在的背叛性，也無法導入「人工樂園」中的孤獨性。

沉溺在放浪生活中的年輕人，對於一些擔憂他們的各種調查、質問都會回答，好像比一般人更認真的想生存下去。而且利用這種解答來逃避孤獨性。縱使是參加了這種放浪生活的活動，也無法得到期望中的真正友愛，和這些奇異的人住在一起之後，就會發現自己還是屬於孤獨的。

因孤獨而去參加放浪生活的伙伴，或想出去旅行的慾求，往往會使得年輕人被誘進犯罪的範圍中。

3. 病的狀態

以上所說的種種行動，兼具了激烈的或不激烈的。總之，這是因為年輕人在環境中看不到可滿足的樣式，因此，才會對社會秩序產生了拒絕行動。

不過，有這些行動的人，雖然脫離了常軌，但還算是健全的。往往靠個人固有的氣質，而能解決所面臨到的新問題，因此，他們的行動，就很難判斷是否正常，連老練、有經驗的觀察家也很難下判斷。我們只可以說，這也是二種病理性的行動。關於這方面，在此作簡單的說明。

「神經症的徵候」處於青春期的人，往往會出現此種徵候。而不安神經症、恐懼症、強迫神經症等，都有其固有的徵候，但是，青春期的特有因素，會對這些徵候產生特殊影響，而歇斯底里症亦同。這種類似歇斯底里症的徵候，尤其對於在自我摸索的年輕人而言，能看得很清楚。

這種小徵候有很多種的身體現象，例如：頭痛、疲勞、想嘔吐、消化器官的障礙、病態傾向、血管運動性障礙。有一種會轉換歇斯底里（心理上的矛盾、困惑，成為身體罪狀而出現的歇斯底里）是較引人注目的。其中，有的還帶有發作性的毛病，也有持續性的機能制止情形發生（這是歇斯底里性的麻痺）。

這些症狀群，並不一定在青春期時才會發生，有不少人是在第二幼兒期（三至六歲），或過了青年期後才發生。

可是神經性食慾不振症就不一樣，這是典型的青春期神經症，其中，尤以女性居多。首先，它是由無月經開始發病的。縱使疾病治好以後，仍然會有一段長時間沒有月經的來臨。患這種病的人，會漸漸的不想吃東西，但是，開始時卻不容易發現這種現象，等到完全拒絕食物時，才會感覺到。這時候，病人會逐漸的消瘦，體重會減輕，有時甚至會降到二十公斤，或少於二十公斤，這就是真性的羸瘦了。有時一惡化會更嚴重的。

可是值得注意的是，這類的病人，平常都不會有氣力衰弱或精神不佳現象。從外表上看，病人對自己的狀態，似乎不太關心，甚至還喜歡走動，偶爾也會看到類似歇斯底里性的情形。例如：有若干的露出性現象，或有一些像兒童般的想法、行動，也會說些謊話等。

也就是，一定會有歇斯底里性的現象。這種自己暗示的現象，往往可在女青年身上發現，其實，她們不想吃東西，是自我欺騙的現象。

有時，也會出現其他的現象。換言之，神經性食慾不振症的人，對喜歡吃的食物，卻往往感到不滿足，而不想吃。這是禁慾主義的一種形態，也可以說是不想生存，或企圖自我破壞。

關於神經性食慾不振症，有些研究者指出，病人對家庭會有反抗現象，也會反抗端食物過來的母親。從精神分析上來說，母親和子女之間的精神不協調或糾紛，往往會以拒絕吃東西的方式表達出來。

關於這種疾病的原因，目前議論紛紛，不過，對治療方面，卻有一致的意見，那就是，想結束這個症狀，只有靠嚴格的病人隔離方式。例如：要給病人產生勇氣的精神療法，或從精神上的鼓舞，都是要排除這些精神不協調和糾紛的最好途徑。

神經病，確屬難纏，但是，更嚴重而令人困惑的卻是「精神病」。

與此處有關的是「精神分裂症」，而不是妄想性的精神病。在這種年紀的青年，患有此症就很引人注目。精神分裂症，會產生人格崩潰，而且現在醫學，仍沒有辦法解釋其原因，這種疾病的開始，有很多形式。不過，總是有假面的掩護。例如：憂鬱狀態、不安神經症或強迫神經症，很有奇異風格的年輕人狀態、急性的瞻妄狀態、錯亂狀態、一時性的急躁等。

就是因為有這些表現，所以往往在初期時，很難判斷是否精神分裂症。如果一有精神分裂的懷疑，就開始檢查，觀察症狀，又收集隨時出現的證據，就會比較快些診斷出。

支配自我形成方面，也有較無曲折性的路線，例如：要有持續性的統一化階段路線。幼兒對於自己的家人，總有股英雄式的崇拜。不過，隨著年紀的增長，到了青年期，這種感覺就會消失，因而很自然的，會再尋求另一個英雄對象。當然是在家庭以外尋找，這也是孩童時代容易情緒起伏的情形。

在將要進入成人人格的新狀態交替時間，要避免一切摩擦的一種本能表現。而新的愛的對象，就成為年輕人的英雄。有時對象是長輩的朋友、老師、運動選手、電影明星，或小說中的主角，或身體上、社會上、或智慧上，只要認為他是很優越的就會產生英雄式的崇拜。

其實，這只是年輕人的自我愛心的投射而已。而這種情況，接連的從虛偽到同一化的過程，使得年輕人有鍛鍊抽象性理想的機會。一方面，年輕人漸漸適應了周圍所提供的理想，一方面暗地裡來準備真正的自己同一性。在逐漸升高的自我水準中，能夠對事物重新調整、統一，而且有超越自己同一性，才會被年輕人認為是真正的有用之物。而已經打破魔術性世界的年輕人，目前最需要的是，成人世界的發現，及要如何建立這個世界。

社會上，大部分的人會批評報紙、電視、雜誌等大眾傳播，只能夠給年輕人的憧憬提一些物質性的成功，或經濟上的成就，有關這方面的英雄偶像。因此，大眾傳播所提供的這些內容，使人只會對日常生活中所體驗的平凡性，產生不滿的感情，可以說是幾乎沒有意義。

這也是現在的資訊傳達方法上，常受討論之處。不過，經過長時間的考驗，年輕人也會透過自己的行為，來看清楚現實和虛構，逐漸的富有批判的精神。而且大眾傳播所提供的一些英雄偶像，使得年輕人恢復了自我價值感。持續性的統一化，對逐漸發展中的抽象性理想之形成是很有用。如此，他們的理想逐漸內面化，不久，就會到達成人的理想。

在長久的暗中摸索，青年人在每一個時候，都會得到一些，並無多大用處的經驗，這好像是極端的經驗浪費。這也是一種單純的印象而已，事實上，青年期的每一個行為都和他的經驗有關。

在人的一生中，像這種重要性的經驗，還是以青年期為最大。不管是成功或失敗，凡是親身體驗的，才具有權威性、實踐性，而且思考才會進步。當然，經驗是依人、境遇而有所不同，別人所經驗的，對另外一個人來說，一點意義都沒有，也無法提出意見的。

四、團隊性行動

「對抗」，最近似乎很流行。這是從自我確認的方式中，最後出現的。因此，其本質與「對立」就不一樣。這是重視理性的能力，又能夠與成人平等的「對話」，所以，要武裝自己。因此，成人對於年輕人的對抗，確實感到困擾、頭痛。成人經過對話，最好不要露出破綻才好。對話也是年輕人和成人對抗中，能夠使成人從迷宮中走出的一條路線。

這就很像希臘神話中，亞里阿德納的導師般（希臘神話中，米勒斯國王的女兒亞里阿德納，即是靠導師而將英雄鐵協吾斯自迷宮中救出的），也就是，此種對話會使成人提高警覺，同時，能夠讓成人把一些已變成無效的觀察·和不合乎現實的觀念，重新再檢討的好機會。

對抗，在語句的失禁（語漏症）或耳聾同志的對話間就會消失。不過，對抗對代溝確實有其橋樑作用。

教育家或專任訓導年輕人的工作者，更不可遺漏這種對抗機會。

雖然話是這麼說，但令人憂慮的是，會有「偽對抗」的出現。這是一種對抗的拒絕，也是對話的拒絕。在一九六八年五月的幾天之間，好像是急性錯亂發作般，出現了年輕人的奇怪病態。不過，這個時候要注意的是，他們是為了提出強烈的慾求，而發生暴動。就是在目前，也看得到一些文化破壞主義者，或放火狂的病理性患者，又發動盲目的舉動。

當然，這二種情況是不相同的，前者是提出異議，而要在輕鬆愉快的氣氛下作對抗；而後者，則是單純的要破壞一切之後，才會感到快樂。想破壞一切的作風，就是自己拒絕走成人的路線，也可以說，這種年輕人的作為，其結果只會破壞自己。

在這種對抗的形態中，常常可從貼在街頭的海報，看到一些充滿著孩子性的行為。有的寫著「我們要什麼呢？當然要一切！」意思就是，不要自己作任何選擇，也不要自己作任何獲得，一切都要別人提供。這就等於回復到孩童時代的那種狀況了。

從事對抗的年輕人，也會做些諸如此類的事……「要有愛心、反對戰爭」。他們首先用語句和火，來破壞資本主義的社會，他們所認為的理想主義，一開始，就做得過火，他們讚美無私無慾，或某種禁慾主義，而拒絕物質的價值、拒絕妥協，而自以為很引人注意，很有魅力。

不過，他們這種理想主義，卻一點也不為成人考慮一下，只是讓成人得到污染或侮蔑。好像他們最大的希望，就是拒絕成人。

因為排除和美夢相對立的現實，才是對抗的最高目標。所以，在破壞的情勢中當然沒有期待，在夢中就沒有具體性可預測的東西。如此，年輕人自己做的美夢，完全是自由展開，而且是孤獨的。

在這種情況下，當然也就沒有任何理性的投射，也無調和的構築。因此，在對抗的彼岸是一片空虛，沒有存在任何東西。

S．P邦德爾修說：「不管你們如何期待著要我們說話，可是我們都不在乎。不要讓大人們知道我們要如何形成新的社會真相。我們應如何來製造未來、對付未來呢?……」

安德烈．史德邦曾請二位精神分析家，要他們對一九六八年五月的對抗運動提供一些有趣的解釋。於是，他們說了一些話，其中一項就是，沒有自我和非目的對抗特徵下，對口唇期的自我愛吃階段，有著退行的情況表示。「要把欲求脫離完成，又把現實脫離幻想的陷阱，已經消滅。而自我的欲求才是現實。」

精神家做了如下結論：

「如果父親到最近，仍然是家庭的暴君，但現在卻已變成不重要的人，也不是孩童或年輕人做為挑戰的對象。因此，父親已經喪失做為父親功用的傾向。」

與暴力對抗相對立的成人世界，對於這種拒絕成人世界的表現，不能保持沉默。所以，我們必須要發表意見，這就是戰爭，或集團虐殺之後，為了贖罪而年輕人會自殺之故。

受到體制或法律控制的成人社會，對這種不理想的社會卻不聞不問，導致有些學生為了抗議這種不正義感，因而引火燒身自殺。皆是因為他們一直使用暴力，所以，他們就模仿越南僧侶出身的楊·巴朗克自殺方法。這種模仿的早發性和激烈性，超過了戰爭，也超過一切客觀性，超過子孫們所製造的對世界直觀性的拒絕，只是看到年輕人很廣泛的友愛作風。

以上，作了許多對自我拒絕方面的說明，這個理由如下：青春期的危機，在不明確的遷延著，已在學生之間漫延了，這種情況，對於要負責將來的人而言，是重大的問題，對國家也是。

可是根據ＩＦＯＤ（Institut Francais de L'Opinion Pulique）的調查發現，法國民眾最關心的，仍然是購買力的增加，及雇用的保證問題等，而對社會上的年輕人問題似乎不管，而被列為是最後的一項。

關於青年期每天的這種研究，往往會面臨成長，或適應問題。不過，一般人都不會對此研究有所反駁。同時有些人會對年輕人的將來，抱著悲觀的看法。

體制化，又具階級化的社會，確實在不知不覺中成為年輕人的煽動者，也使得年輕人的氣質，變得很古怪。年輕人的不合群、不合理過分行為，當然會令人側目，相反的，成人的不正當行為，卻被掩飾起來。

年輕人由於處事不夠圓滑，所以常會發生衝突、焦躁，或動不動就鬧情緒。不過，這一切，卻是年輕人所喜愛的部分。

一方面對將來感到不安、緊張，但一方面卻靜悄悄的想試著去接觸過去的部分。處心積慮的想走法律的漏洞，或逃避社會的絕對命令，但對自己的心理與環境相矛盾壓力下就會屈服。在這種不斷的適應中，年輕人的應付能力，就越強，此時，就會有希望得救。

當然，這不是絕對性的，不過，他們的權力或固有的力動性受到考驗時，雖然充滿迷惑，但還是會向成長邁進的。

年輕人對於自己的天分，也能多多少少有好的成就。社會構造越複雜，對複雜問題的解答，也就更多。在社會中，大家都會想辦法讓年輕人更滿足，而且要他們能夠獨立的來解決一切。個人對於環境的應付能力，當然就要看環境的型態和適應性。不過，也會讓年輕人增加意識的機會。

最近被發現的遺傳法則，對「形成途上」的自我，有了決定性的壓力。而沒有希望的決定論，對青年產生了影響而折斷其翼。不過，隨著時間的流轉，相信有關遺傳的問題，會被安排在更恰當的位置。

到了最近，人又體驗出如下象棋時，最初要動用的棋子，即為生涯中較初期時，所體驗的過去。關於此點，所做的警告式標榜為「三歲，就已經決定勝負」。所體驗的過去，不管其內容如何，對生存的人，尤其是青年要積極、強力生存下去的現在，就會有相當的影響。向著成長和適應發展中的人，就要信賴自發性的慾求，這樣，人的命運才會完成。

也許有人會反駁說，在我們的產業社會上，個人能夠選擇的自由太少。確實，這是將來必須解決的一個問題。

年輕人的世代，對於團體問題，總是希望有團體性的決定，這是一個漠然的傾向。人數一增加，當然，對職業或生活方式及場所的選擇自由方面，會產生一些限制，這種限制，還是要遵守著團體的限制。而這些團體的決定，又受到經濟動態所影響，也會使個人行動或社會的構造發生變化。

另一方面，社會階級的情勢，改變的越來越有彈性，也越來越容易。不過，對於年輕人應佔有的位置和規範，並無決定性的作法。

年輕人的職業、年輕人的團體、年輕人的新家庭，已經把年輕人帶進與雙親不一樣的社會範疇中。在此範疇中，就會一步一步的被決定、解決。而用某種方法作這些選擇，就操在他們的手中。所以，和以往不同的一些憧憬或能力，就與他們的選擇有關。

對於年輕人的將來抱著失望的理由，到目前為止，不會大於或小於這種狀況，這是確實的事。只是年輕人將來也會年紀大、也會成人，這時候，年輕人對自己的錯覺，會產生悔恨，也會對未來有更強大的希望，就在這二種感受中，他們也會辛苦的拖出一條小舟來划吧！

年輕人一定確信著，他們所建立的世界一定比其父親輩所建立的更美好。然後，又把這個世界作為他們的子女的跳板或目標，而努力。

第六章　給成長中的孩子

「性」在青少年時期，是任何人都會感覺煩惱的問題。但以當今社會型態而言，避開性問題而不談的傾向，還是非常強烈。因此，在缺乏正確性知識的情況下，青少年往往陷入不必要的苦惱，並且容易違犯很多異想不到的錯誤。

本章用信的形式寫給自己的兒子，把父親本身對性的經驗很坦率的直言，利用信把性的難題當正面處理。性是什麼呢？對大人又有什麼變化呢？對性應採取什麼態度呢？性的作用是什麼呢？

本章對青少年的各種疑問作很恰當的回答，是導引青少年走向正確的性知識的最佳導師。

一、男孩的身體

1.身體突然逐漸地變化

到了青春期，即知自己的身體逐漸地變化。也許並不記得身體狀態是在某月某日開始有了變化，但是，祇要觀察自己的身體即可得知，這是身體邁向成人的一大轉變。

首先談論男孩的狀態。

無論是身高或體重皆比過去所增加的速度更快速。每個月測量都能獲知確實增加了。這叫做「發育促進現象」。有些孩童很明顯地顯現出這種促進現象，但是，有些孩童卻在不太引人注目的情況中發育得很快。

同時，生殖器以及其他部位也開始有了明顯的變化。在此所說的生殖器，包括陰莖、睪丸、副睪丸、精管、精囊、前列腺以及乳房。眼睛所能看見的變化就是陰莖和副睪丸。陰莖變得又粗又長，睪丸與副睪丸則是變大了。但是，這種狀況因人而異。換言之，有些小孩快速成長，有些小孩卻發育得很緩慢。

2. 亞當的蘋果・菱型的陰毛

在國中二年級即開始有了身體的變化，所以，約與一般人的變化時期相同，這個變化來得並不會過早或太遲。當時，我是在入浴時才察覺，可是，自己並不感覺很奇妙。聽說也有些朋友到十七、八歲仍維持著孩童般的身體狀態。但是，後來卻又快速發育，大約三、四年之後，生殖器才完全發育。

有些人認為發育較遲的男孩也許有身體上的缺陷，但是，我的朋友中就有數位有這種現象。由此可見，這種狀況並不值得擔心。從另一方面而言，成長早的男孩也並無任何益處。

對男孩來說，最顯著的部位即喉嚨的中央部分會突出。對於這種喉嚨突出的部分，歐美人即稱之為「亞當的蘋果」。可是，在女孩的成人發育中，就看不到這種狀態。突出的狀態也有個別差異，有些人突出得較明顯，有些人卻並不明顯，這種差異大概和脂肪的成長有關。

大約在喉嚨有了變化的同時，聲音也開始變化，亦即聲帶所產生的變化。這時，男孩歌唱時的低音降低約一音階，其聲帶則比孩童時的聲帶寬了約一公分。換言之，喉嚨內部之擴大會使外表的那種突出顯得更明顯。

會長出陰毛也是較大的變化之一。長在陰莖上方的毛，一般稱之為「陰毛」。到了青春期，開始長出陰毛，而長出陰毛部分其形狀如倒三角形。其狀況

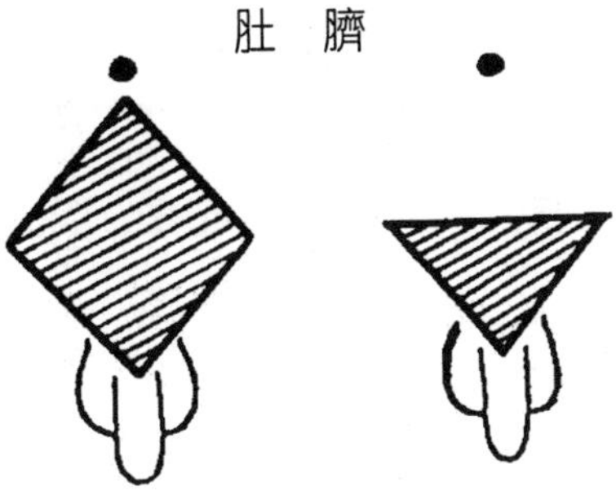

男性型陰毛　　女性型陰毛

很像女性陰毛長出的狀態，所以，也稱之為「女性型的陰毛」。

但是，這種狀態再過一、兩年後，又會轉變為男性型的陰毛，其形狀成菱型，至此，陰毛的轉變才告完成。

此時，大約平均為十六、七歲，當然也有個人差異。有的人長出得很快，有的人卻較遲，也有陰毛多的，也有較稀少的，而究竟那一種較佳，並無任何區分。

3. 與你研討這類問題的興趣

我猶記得長出陰毛時，是國中二、三年級。發現自己長出陰毛時，一方面感覺羞恥，一方面也深覺將要成人的一份喜悅。但是，從何時才由女性型的陰毛轉變為男性型的陰毛，卻已不記得了。當時，也不知有這種變化現象。

你在小學五年級時，有一天，突然大驚小怪的告訴你母親：「媽媽！我的陰部長出毛來了。」我在隔壁房間聽到時也深感驚訝。也許現在的小孩發育普遍的提早所致，據我所知，其他的生殖器還沒開始明顯發育時，是不會先長出陰毛的。因此，那天一起洗澡時，我問你：「你的陰部長毛了是不是？」你還記得我曾問過這句話嗎？那時，你很擔心的讓我觀察，但也許由於我觀察不清楚，卻沒有看到你的陰毛，所以，我才說：「沒有。」此時，你竟然笑著回答：「爸爸！你還是拿放大鏡來看吧！我相信一定會看得到。」

因此，我再仔細觀察，才確知你果然已開始長出少許毛根了。為人父親的我當然也深覺興奮，而我所高興的是父子之間能坦誠的討論這些問題。我的孩童時代，你的祖父母從未提及這類問題，若我冒犯的提出陰毛的問題，則必定會受到嚴厲的指責：「小小年紀不應談論這種問題！」

4. 成為真正男人的證明

長出的毛並非僅限於陰毛，腋下的腋毛和臉上的鬍鬚也開始長出了。開始時，長出很軟又很細的小毛，過了一陣子，即轉變為很濃密。接著，體毛也開始長出。我所說的體毛是胸毛與腋毛。當體毛開始長出時，往往陰毛已轉變為男性型。

有些男孩的乳房也會變得較大。當然，這些男孩不必為了乳房變大而擔憂，因為再過一段時間，乳房又會縮小。

也許最大的變化是射精現象。夜晚睡覺時，不知不覺的射精，稱之為「夢遺」。由於夢遺，因而次日醒來時才知昨晚換過的內褲又弄髒了，這是精液洩出。大約開始出現這種射精現象時，男人就會自覺到長大成人了。

對於這些現象，我當時並沒有很詳明的知識，因此，第一次發生時，我的確很驚駭。而且第一次夢遺時，我確實作了惡夢，所以，當時自覺自己是個卑賤的人，可是，後來又出現數次這種現象，隨著次數的增加而變得無所謂了。

5. 只是想像就會勃起

射精時，陰莖就會勃起，可說是一種緊張現象。陰莖內有很多血管像網般的

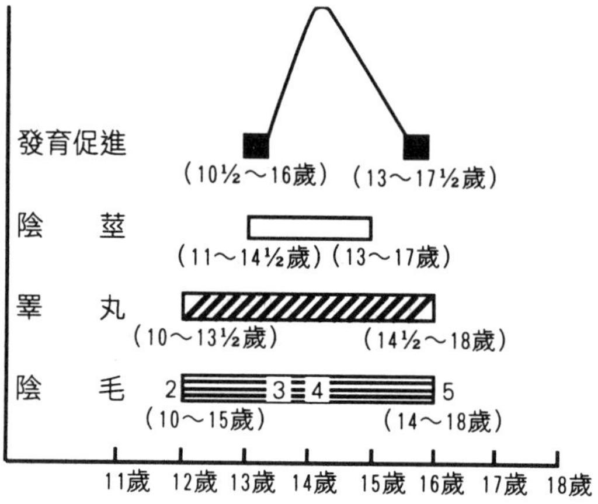

存在——這個部分稱為「海綿體」——當陰莖勃起時，血液即充滿海綿體。男性的陰莖，並不一定是射精時才會勃起，祇要有了性興奮或早晨醒來時，也會發生勃起現象。

有時，由於早晨醒來時發現自己的陰莖勃起，我怕被人察覺，所以，一直等到勃起現象消失後才起床。

這種現象並不是只在青春期才發生。早於幼兒時期就會發生勃起了。有些幼兒甚至誕生僅一年或一年之內就會發生這種現象。也就是說，只要觸及或刺激陰莖，就會反射性的發生勃起現象。

所謂「反射性」，就是我們的意識或意志所無法控制的現象。勃起的產生，是陰莖被觸及刺激，而很快通過脊髓，使陰莖充血。青春期後的男性，縱使陰莖沒有受到直接刺激，只要想到性，也很容易造成陰莖充血。

因此，生殖器的迅速發育、長出毛、變聲、射精等的現象均稱為「第二性徵」。

二、女性的身體

1. 女孩的身體變化比男孩早

一般而言，女孩的青春期比男孩來得早，大約早了一年半至二年。男孩在小學五、六年級時，也許會察覺女孩此時突然發育得很快，因而感覺似乎是自己的姐姐般。因為這時女孩子的身高、體重、胸圍均會增加，也就是說，發育促進現象比男孩來得早，而高潮時期是十二～十三歲。

何以青春期開始得較早？也許由於女性成人時比男性更需要準備。可是，女孩的發育促進現象也比男孩更早結束，所以，到了十四、五歲時，亦即國中三年級時，無論身高或體重均被男孩勝過。

青春期的身體現象與男孩相較，其最具特色的是女孩的身體有較多的脂肪。由於皮脂腺也開始活動，因此，皮膚的光澤潤滑性也較為良好。首先在臀部會增加了脂肪，因而臀部即具有圓滑性。由於骨盆也會發育，所以，腰部以下部分也會逐漸變大，此為將來生育作了很重要的準備工作。

對於女性的這種身體變化，男性絕不可嘲笑，但是，有些中學的男生在女生從身旁擦身而過時，即嘲笑的說「哦！好大！」當然！他們並不知天高地厚，這種行為實在可恥。

2.美的象徵：為人母之前的乳房

乳房會變大，也是青春期的特徵。研究乳房的專家就將乳房發育順序分為五度來說明。首先，乳房整體隆高，即稱之為「第二度」。早熟的女孩大約自八歲時即開始。

嬰兒只從母親的乳房攝取乳汁而長大的。胎兒在母親的腹中時，母親的乳房即正逐漸變大，這是為了未來胎兒誕生後能充分哺乳的準備。青春期當然也是這種準備工作之一。此時，乳房的乳腺逐漸發育。

乳房的發育對於每位女孩而言，均有不相同的經過。有些女孩很早即發育，有些女孩卻很晚才開始發育，甚至有些女孩到十四歲才開始發育。發育的外形也依人而異，有些女孩發育得很快，也有些女孩卻發育得很緩慢。

乳房發育的差異對未來乳汁之分泌有何影響？對這方面並無很明顯的差異結果。換言之，針對為人母者為對象進行調查，其結果，有些女性的乳房發育並不大，可是乳汁分泌卻很好，也有些女性的乳房發育得很大，而乳汁分泌並不理想。

乳房的大小似乎與乳房內的乳線發育狀況有著密切關係。乳房的周圍就是脂肪，所以，脂肪多，則乳房也會大。

3. 女性陰毛的發育

女孩在青春期時也會長出陰毛、腋毛，此與男孩相同，可是，並不會長出鬍鬚和體毛。女性型的陰毛是男女共通的部分，但是，女性最後仍不會形成男性型（菱型）的陰毛，關於此一問題，即必須從雄激素和雌激素的作用來探討。

關於陰毛也可分為二個階段來研究。初期長陰毛年齡因人而異，有些女孩自八歲時就開始長出陰毛，也有些女孩遲至十四歲時才開始長出陰毛。較遲長出陰毛者當然也並無健康不良的情況。

總之，應了解青春期的發育有著極大的個人差異。

4. 月經來潮的現象

與男孩的射精同樣的，青春期的女孩開始有了月經出現。首次的月經稱為「初經」。月經是從子宮出血的現象所形成。對月經絲毫無知識的女孩，突遇這種出血現象必定會受到極大的驚嚇。

為了不讓女孩受到過度的驚嚇以及避免驚慌失措，因此，到了小學五、六年級時，母親應給予適當的指導或校方應提供適當的知識。

月經開始時，有些女孩即暫停入浴，其實這是不必要的，只要避免做激烈的運動，這時如果有經痛現象更應多加休息。

三、異性的身體

1.成長與關懷程度

①四歲時即已彼此觀察

人自幼對異性的身體究竟是在何種意識下長大的？我自美國的兒童心理學者所實行的研究報告中，摘錄出有關身體的意識問題，整理如下：

（兩歲）　依穿著與頭髮，能區分男女。

（兩歲半）　能了解自己的生殖器。若脫掉其衣褲時，會以手去摸。男孩即具有與父親同樣特色的生殖器，當排尿時，生殖器就會勃起；女孩會知道自己無這種狀態，與母親同樣的排尿狀態。

排尿時，男女姿勢不同，對於此現象，乃產生極大的興趣。

（三歲）　對於性的生理差異以及排尿時的姿勢差異，能以言詞表達。女孩有時也會模仿男孩站立著排尿。尤其，喜歡看母親的乳房，也喜愛以手去摸。

（四歲）　特別關心肚臍。緊張時，以手去抓著生殖器，有時甚至想要排尿。男孩與女孩彼此觀察對方的生殖器。對於他人上廁所的動作，懷有很大的興趣。

（五歲）　富有濃厚的性色彩遊戲，以及彼此觀察生殖器的現象逐漸減少。行動開始慎重，也很少裸露身體。

對於廁所的興趣，已減少。

會注視成人脫衣褲，因而知道生殖器的差異。對於父親沒有乳房、姐姐沒有陰莖，深感不可思議。

會突然質問母親「嬰兒是從那裏來的？」如果母親答覆是，從母親的腹中而來，就會深感滿足。

②九歲時也會隱瞞父母親

（六歲）　會意識到身體的構造男女有異，且有興趣。對於這方面，也會提出質問。

遊戲時，會展開略具性色彩的遊戲，即男女孩扮醫生遊戲或彼此觀察性器。關心嬰兒如何誕生以及懷孕的問題。也會想著嬰兒誕生時，母親是否會痛苦。

從年紀較大的朋友口中得知一些性交問題時，就會迷惑著，偶爾也會質問母親。

（七歲）　彼此對於性的差異問題的探究或性的遊戲等，均比六歲時減少。對於母親的妊娠，產生興趣。知道嬰兒是從母親和父親雙方所產生的，因而有滿足感，可是，對於嬰兒如何生出來的問題，會更進一步的提出質問。

（八歲）　女孩和男孩在一起時，往往對較粗魯的遊戲有著異常的反應。女孩會向母親質問有關月經的問題。

有些女孩也會質問有關母親懷孕時，父親的任務。

（九歲）　同性朋友彼此會談論性的知識。

對於自己的生殖器以及其作用，開始產生興趣。也會從書本中找出一些有關的圖畫。

對於裸體的問題，開始有了濃厚的意識。

當異性的長輩觀看小孩的裸體時，小孩會產生厭惡感。

和異性朋友在一起時，若看到接吻的遊戲，則會互相諷刺、刺激。

有些小孩甚至會想像著母親必定是割肚皮來生育的。

2.在具體的看到擁抱或接吻的環境中長大

以上所說的是美國的兒童心理學者對孩童問題的研究報告。在這一方面，西方的兒童比東方的兒童意識發達較早，參考的這些研究報告已是二、三十年前的資料，而現在的環境與過去不同，既能使小孩對這方面的意識了解得更快，也許現在的小孩對性知識會比這份報告的時期更早熟。

現在，美國小孩的第二性徵皆普遍的提早。譬如說，女孩的初經年齡平均為十二歲，男孩的射精時期平均提早至十三歲，有些男孩甚至約十歲或十一歲就有射精現象。

由此可見，西方小孩的身體與意識都比東方小孩發育得早，其原由究竟為何？應該是東方的生活文化的差異所致。

當然，也許這種主觀是錯誤的。但是，從電視或電影著眼，若將西方夫婦的舉止行為與東方夫婦相比較，則顯示西方夫婦更富有肉體行為的色彩。譬如說，即使在小孩的面前，也會扮演著愛情具體性的交換。例如：父母親在小孩面前擁抱、接吻、彼此熱情的握著手、母親的頭依靠在父親的肩上、父親的手摟著母親的腰。西方夫婦的這些行為幾乎成了習慣性。

但是，東方人卻大不相同。譬如說，東方的夫婦，即使在小孩的面前也不敢彼此擁抱或接吻，亦即不敢直接於孩子的面前扮演肉體的行為。

對於西方的小孩而言，觀看雙親的這些行為所得的刺激，遠超過觀看電影或電視的黃色戲劇所得的刺激，可是，東方的小孩卻恰恰相反，亦即觀看電影廣告的黃色圖片所得的刺激遠超過觀看到雙親的性行為所得的刺激。

四、個人和性

1. 應保重生殖器

①生殖器並非污穢的部位

關於兒童的性教育方面，有三個重要的問題。

其一，叮嚀小孩應好好保養生殖器；

其二，夫妻生活應給予小孩良好的影響；

其三，應教導孩子了解控制性衝動。

只要在這三方面培育良好，則社會上的性問題或病理性的現象即可防止至相當優良的結果。

必須保養生殖器的問題——不但是生殖器，身體的每一部位都很重要，看身體中的某部位發生異常，則會直接或間接影響人的機能。譬如說，手指頭或指甲如果受傷，則生活上就會產生問題，亦即感覺非常不便；耳朵或眼睛等感覺器官若發生故障，那就無法應付社會生活；內臟若發生故障，則會產生各種症狀。

關於生殖器方面，有些人自幼即受到不正常的教導——即認為是污穢的部位。譬如說，見到小孩以手摸陰莖時，有些母親就會指責孩子「不要摸那個污穢的部位」，因而小孩的內心就認為生殖器是污穢的部位。

②生殖器是很清淨的部位

生殖器是位於肛門附近，肛門也是很重要的一個器官，但是，由於排便的同時也會排一些細菌，所以，肛門是人的身體中最多細菌的部位，經常會有大腸菌或與腸管傳染病有關的細菌。生殖器雖然接近肛門部位，可是，與肛門的系統完全不同。

例如，男性的生殖器，無論陰莖或至尿道出口處均完全無細菌，若生殖器中有細菌存在，則必是是病人，由於正常者的生殖器應是無細菌的，所以，排出的尿也應是無菌的。在醫學院上課時，教授要學生以舌頭嚐尿味，其目的在於要想了解尿的性狀，即必須了解尿的味道。

女性的生殖器中，膣的出口和尿道的出口很接近，可是，系統卻完全不同。子宮也是完全無菌的，但是，膣的裏面就有細菌存在，這是一種桿菌，亦即棒狀的或圓筒狀的細菌，而這種細菌卻有它存在的意義。膣裏有了這種細菌才能維持清潔。如果有會使膣裏形成不清潔的細菌侵入時，膣裏的這種桿菌就會將有害的細菌消滅。換言之，女性的膣中，這種桿菌愈多，則表示愈潔淨。

反之，如果這種桿菌少，則潔淨程度就成問題。女性必要靠這種桿菌來維持膣裏的衛生。

③以手觸摸即造成污染

其實，人的身體中最污穢的部位是手。由於手經常接觸外界不潔之物，亦即接觸細菌的機會很多。從細菌學的立場來檢查手指，即能得知手指上有許多各種細菌。所以，當見到小孩以手摸生殖器時，應告訴小孩：

「不要以污穢的手去摸最乾淨的生殖器。」從細菌學而言，此種說法很正確的。為了維持生殖器的清潔，因此，每天洗澡時應慎重洗淨。也應教導小孩不要隨便以污穢的手去摸生殖器。

生殖器的入口處——生殖器與外露部位，容易受及污染。男性即包皮的部位；女性即大陰唇的部位。由於這些部位與外界接觸且往往受到尿水潮濕，因而細菌易繁殖。所以，每天洗澡時，應洗淨這些部位。

如果這些部位受傷或糜爛而附著了細菌，往往會腫起來或發癢，所以，應保養生殖器。

由於有些人患有性病，因此，容易使人感覺生殖器是污穢的部位。為了避免患了這種惡性疾病，平日即應維持生殖器的清潔，絕不可親近與性病有關的因素或環境，此對於維持自己的健康或為了傳下優秀的後代而言，都是很重要的。

從小就必須有這方面的知識教導，使兒童都能了解。相信若能做到如此深入，則兒童對生殖器的觀念必能有所改變。

2. 性衝動和抑制

①首先認清性慾的存在

在此來討論下一個問題。如何進行抑制性慾的訓練——即抑制慾望——提出這個問題時，深信必定會有很多人產生抗拒感。

二十世紀可稱得上是「性的慾望」、「性衝動」解放的世紀。首先提出這個問題的是佛洛伊德。佛洛伊德把人類的本性置於性問題而創造了精神分析學之大系，可說是將人類的想法作了大革命的人。

佛洛伊德時代之前，人類把性慾以「惡」的概念視之，因此，當時就將抑制性衝動視為人道。可是，佛洛伊德根本的先承認性慾的存在，而將這一部分作為人類存在的中心問題。

他想要使人類的性欲昇華，才能夠促使人類有正常的發展。他認為勉強的抑制性反而會造成人格異常。換言之，他認為反而會使人產生異常的發展。他認為，一個人發育的過程中，幼兒的性慾——乳汁的吸吮等嘴唇的性慾以及排尿、排便的肛門與尿道的性慾——也應有健康性的發展。

②使性欲昇華

將性慾置於人類的存在中而適當的解釋，此乃佛洛伊德的偉大功業。人的性欲中樞位於腦部的視床下部。性慾中樞發揮機能的時期是在青春期以後。幼兒時期，性慾中樞幾乎是睡眠狀態，因此，從生理學而言，會出現性慾現象是在青春期以後。從心理學而言，思慕異性的情感也是在青春期才會顯現。

那麼，佛洛伊德對青春期之前異性間的情感又有何想法？佛洛伊德就將無清晰意識的情感分析且體系化。他認為——必須讓性慾昇華——亦即將原本運用於性方面的好奇運用於運動或學習等方面，也可運用日後的社會生活中所必須的事物，此狀況即稱為「性慾的昇華」。

性慾的昇華也可稱為「社會化」。亦可言之，從社會上著眼，原本運用於低價值的能量，要轉用於社會上較發達的高階段行動或運用於活動。佛洛伊德認為，如果昇華進行不順利，則會發生各種問題。

③昇華時必須具有意志

「昇華」雖然只是兩個簡單的文字，可是，實際上，若配合兒童的心理發展，則昇華又應如何進行？確實不易施行。

在這方面，有兩個重要問題。首先應認清人原本即具有性慾，因而與性慾有關的器官必須善加保養，其次，應存有體貼異性的觀念，有了這些完善的條件，再配合青春期時應抑制衝動性的性慾，同時，為了考慮這一問題，性慾的統治應具有知性的進行，且必須抑制。

④若與已訂婚的對象又如何

如果是已經訂婚的對象，是否即可毫不猶豫的付出肉體？亦即未待結婚之日就可採取進一步的肉體行為？

我也曾收到很多女性的來信，其內容是：

「已訂婚的對象與我約會時，要求我與他發生肉體關係，此時，我該如何應付？」我總是答覆：

「應勸告對方等待婚禮舉行之後。」可是，又來函：

「對方被我婉拒之後，非常不悅的說『如今你仍不信任我。』」

此時，我就抱著「為何在婚禮之前，無法控制性衝動！」婚後得到社會的承認——才能過著正式的夫妻生活。如此都無法自我抑制的男性，必定是個性非常任性。

這種任性的男人縱使結了婚，婚後也仍會發揮他的任性作風，若選擇這種男性為結婚對象，未來的生活必會有所煩憂。

⑤應遵從傳統的規矩與否

那些未婚卻急於發生肉體關係的男性，也許認為「反正已經訂了婚將要結婚，提早發生性關係又有何妨！」但是，婚禮儀式乃是人類所定出的。

人是萬物之靈，不同於其他動物，能創造優秀的文化與社會，同時也定下了各種規矩與約束，所以，若想成為一個有人性的人，則必須克服衝動與本能，依規矩來進行正當的生活。

關於這一問題，若過分拘泥於約束或規矩等形式，有時要勉強克服性衝動或勉強迴避，結果，卻形成很像神經機能衰弱症，有些人把這種狀態的人批評為「犬儒主義者」。

所謂「犬儒主義者」，即是非常固執於傳統的規矩、道德而絲毫不敢違抗的人。批評者認為如此就無法了解人的本質，也不會有向上心。

但是，批評終歸是批評，自己還是應冷靜觀察自己內心的矛盾與對立，適當的處理。關於這種問題，深信每一個人都會體驗到，所以，應慎重考慮。

3. 有了情人時

①依偎同行的兩人

年輕的男女應有怎樣的交際來往？

關於這一問題，曾經和女學生大略的討論過。當時，女學生問：「若男女彼此的愛情逐漸高昂，此時，實際行為應限界至什麼程度？」

當然，若達此階段，則男女雙方都會希望無第三者在場而唯獨兩人能交談、訴情。那麼！又該選擇何種場合才適當？

有些學生認為應選擇彎曲的小巷，也有人認為應選擇客人稀少的咖啡廳。當時，告訴她們：「應選擇離市區不遠處，且是從丘陵地往海灘的一條小徑。」

兩人約會同行時，也許會彼此出手牽著對方，手牽手可能代表著兩人意氣溝通，有些人仍不滿足於手牽手同行，就將手置於對方的肩上，男性甚至將手摟著女性的腰部同行，有了如此的接觸，彼此的情感更是高昂，且深覺更具愛情。

此種行為在現代的東方仍未普及，但是，在歐美無論是公園的長椅凳或街頭經常出現男女親熱的行為，且不僅是年輕男女，甚至老夫妻也會有這種行為。因此，我和你的母親至歐洲旅遊時，總是手牽手並肩同行。在歐美夫妻同行於街頭時，若沒有如此，他人會誤認夫妻吵了架。

在歐洲時，我與你的母親經常搭肩或牽手同行去逛街，可是，回到國內，我和你母親都不敢如此，因為很可能受人閒言閒語——這兩個老不羞還如此呢！

所以，東、西方的文化狀態對於男女的具體性行為和情感，仍有所差異。

並肩同行的年輕男女，也許接著又會想要接吻，此種身體接觸是否可准許。在昔日的社會中，這是得不到承認的行為，即使夫妻接吻也應於他人看不到的場合。可是，每年至五月時，無論是北歐或南歐，公園的長椅凳竟成了年輕男女的接吻場所。我在歐洲曾見過一對情侶接吻花費二十分鐘的時間，當時，對於這種長時間的接吻，我的確深感驚訝。歐美男女之間的這種接吻似乎很公開，毫無顧慮周圍環境，也許接吻已侵透至他們的一般文化之中。

②他倆究竟會達何種地步

公開與否是另一問題。若男女約會而同行於一條小路，此時，如果想要接吻，又應如何處理才恰當？換言之，身體的接觸應有何種色彩？是否當作愛情的表現。當有人提出這一問題時，參與討論的女學生的意見即可分為兩大類。

第一類，主張接吻經由社會認可的訂婚之後才可；另一類，認為縱使未訂婚，但是，接吻行為仍無大礙。所以，前者縱使男性要求接吻，女性也會拒絕；但是，後者必接受接吻，也許甚至陶醉於其中。

若陶醉於其中卻仍不滿足，又該如何？愛撫的行為有很多種，有些男性也許粗魯的伸手摸女方的乳房，此時該如何？

乳房乃是很敏感的部位，如果女性此時感到興奮，則男性可能再進一步行動。有些女性會接受至此種程度，且將這種程度當作最後防線，而絕對抗拒生殖器的接觸，當然，這是很危險的作法。

有些女性守護不住這條最後防線，而一下子到達最後階段，然後才產生了各種煩惱與糾紛。過去，也經常聽到女性提及這一問題，有些女性自認平時堅守最後防線，可是，到了那種環境時，自己卻無法控制而造成遺憾之事。

這種防線一旦崩潰一次，日後即無防線，而任由男性安排，這是由於女性自己無堅守防線所致。

③應於婚後才有性行為

由於上述的理由，我仍認為童貞、處女是含有重要的意義。從這方面而言，男性普遍的對性方面比較有積極性的傾向，因此，更應要求男性要守童貞。

那麼，該從何開始守護最後防線。考慮這一問題時必定會有很多意見。有些人認為接吻是最後的一條防線，也有人認為牽手或手置於肩膀、腰部相依偎的同行才是最後一條防線，如此，有很多種能考慮的行為界限。我認為，若承認身體某部位的接觸，則很容易會衝破至最後防線。

如果男女雙方意見一致要想達到，則很容易衝破最後防線。人以外的動物將這種行為視為性衝動而任性的發洩，但是，人究竟並非一般的動物，應具有文化性的行動才是。

談論至此，也許有人會急著問：「那麼應該如何？」

人若想與一般動物同樣的行動，那是很容易的，即任憑性衝動而來行動，卻毫不顧慮社會規矩的約束。

④應於婚後才有性行為

在這方面無須顧慮他人定下的規矩，最重要的是自己的意志，自己應規定自己。當然，必定會與性衝動作戰，然而性衝動與人的生活戰鬥是必須體驗的，能否克服性衝動，即依個人的人格而定。因此，「自己必須慎重」應如何發揚光大才是重要課題。

總之，與女性交往中，會作出何種行動，是自己應決定的。當然！這種決定與一個人的人格有關。

如果有人質問我：「你會採取何種行動？」我會答覆：

「若我能回復年輕而與年輕小姐交往，也許我會牽著她的手或將手置於她的肩上，相依偎的同行。但是，在他人面前，我仍不敢有此種舉止，僅限於約會的小徑上，這是我能作到的最大界限行為。超越此行的具體性行為，必須待社會的認可，亦即婚後成夫妻之間的行為而來進行。總之，有關性的行為，在我的觀念範圍內較為保守，且具有自己規則性的決定。這種為人的生活方式才有趣味——我確實有這種感覺存在。」

四、身體上、心理上的性問題

1.這種煩惱是錯誤的

①能否成為成年人

到了你們這個年紀時，對自己的身體、容貌都會產生各種不安感。

我年輕時，也曾產生很多不安感。猶記中學時，有一次，老師看著我的臉說：「今天你的表情似乎很黯淡！」老師的這句話留存於我的腦海中許久，我連續多日經常站在鏡子前，望著自己的表情，我的確也有同感，當時，我想著這種表情又怎麼交到女朋友呢？接著，又想著應如何才能改變自己的臉部輪廓和表情——如此，愈想愈多。

大約同一時候，我也觀察自己的身體而擔心是否異常，尤其擔心生殖器，所以，我到公共澡堂去沐浴時，總是暗中瞧著其他成人的生殖器，結果，才得知我的生殖器仍被皮膚包著而與人不同，亦即仍維持小孩時的那種形狀，由此可見，我仍未成年，在這種憂愁下，也經常暗中查詢有關的醫學書籍，得包皮是一種病態，能經由手術矯正。

一般的醫學書籍中，對這方面列舉出很多異常狀態。但是，後來我在大學念醫學時，才得知我的身體毫無異常，也獲知包皮者很多，有些人並無施行手術卻於婚後即自然露出，因此，我才了解大部分的包皮並非異常。

當時，若能有知心朋友具有這方面的豐富常識，我即可早日解除煩憂，而度過愉快的日子。

②這種擔憂並不重要

過去曾是自己的煩惱，如今我卻成為青年人請教的對象。這些青年人也有很多是為了生殖器的問題來與我研討的，多數是談論自己的陰莖是否太短或這種短的陰莖未來能否過著正常的婚姻生活等。

最近的雜誌所登載這方面的內容，經常把婚姻生活當作性生活般的敘述著，而描述了很多有關性交技術，也許由於這種影響，使許多年輕人懷疑自己的生殖器是否有足夠的能力。其實，婚姻生活中心乃在於男女雙方所建立的精神生活，而性生活僅是其中的一小部分。倘若認為性生活的技術不佳才引起婚姻的不美滿，我敢斷定雙方最基本的精神生活一開始即已搖擺不定。

性生活的技術也能以彼此的想法使之高昂。有時，我也會想著：

「如果我的生殖器有一天發生了故障而無法進行性生活，那麼，你的母親會離我遠去嗎？同樣的，如果你的母親也發生了相同的礙障，則我們的夫妻生活是否無法再維持？」

深信不會有如此的後果，因為畢竟性生活只是夫妻生活的一部分而已。

③人的心能支配物質

我如此說，也許有人會批評我是清教徒。實際上，由於性生活不美滿，因而夫妻關係受影響的例子也很多。由於性生活不佳，才造成紅杏出牆、金屋藏嬌，是小說家經常利用的題材，電影上也常出現這種場面，由此可見，性生活之意義是很重要的。可是，針對這種狀態的案件，若更進一步找尋其因素，會發現當初男女結合毫無認真地思慮婚姻生活，可說是草率的結合。

亦可說是，對婚姻生活的真正意義並沒有詳細思慮即已結合者很多。有些男性將性視為生產子女的工具，也有些男性將女性視為自己性慾的發洩對象，這些觀念都是輕視女性且令人忿忿不平的觀念。

我曾經遇上一位相當有教養的男性卻很意外的對我說：「妻子只是合理的性對象而已！」我聽了這句話，深感驚訝。若與這種觀念的男性結婚，則女性必須使這種男性的性慾得到充分的滿足，否則就有分離的危機，這事極為可悲。

在前面曾提及夫妻的心結合是最重要的，如此，性生活也會很有樂趣，若無心心相印，性生活也會逐漸黯淡。

所以，如果彼此的心無法結合，縱使性生活的技術何等高明，也會逐漸形成無意義。

④能獲取充分的幸福

對於婚姻生活的目標，縱使生殖器並不很完美，也仍能實現極其理想的夫妻生活。在正常的範圍內，陰莖較大或較小，也不會形成不幸的原因，更無須懷有劣等感。

有些男性對於自己長出毛的狀況深感困擾。

這種男性認為長出的毛太少就缺乏男性氣概，又認為鬍鬚少、體毛少，尤其腋毛少時，即擔心是否由於自己的荷爾蒙分泌異常等。

其實那是庸人自擾，重要的是能否進行性生活以生育子女之能力。只要陰莖能勃起，則性生活是可能的，而精液中的精子的存在若經過檢查是正常，則應有受精的可能性，絲毫無須擔憂。

2.你應明白的道理

①煩惱的女性終也成了賢妻

同樣的，有些女性較早熟，即體重、身高均增加，同時，也很早就出現第二性徵的發育，但是，有些女性卻發育較遲。發育早晚並非重要，只要終能發育成完美的女性即可。我曾見過，班上最小的十五歲女孩經常是坐於最前排，後來，卻於短短的一年之間，身高竟增加了十六公分，在這段期間，第二性徵也逐漸發育，至十七歲時就已成了一位女性。

也有些女性擔憂著發毛的問題，也有人為了鬍鬚而擔憂，也有為了體毛而擔憂。有些女性確實比其他女性長出較多鬍鬚，但是，不必過分擔心。妳到歐美即可察覺長出鬍鬚的女性很多，而她們卻毫不在乎。

關於體毛方面的問題，若是腋毛，是必須再考慮的問題。有些女性的陰毛長得像男性型，而擔心是否會影響未來的生活。除了陰毛之外，身體的其他部位發育都很完美，則這位女性婚後仍照樣可生育子女而擁有美滿的生活。所以，部分性的這種狀態往往與全體機能無重大關係。

由於工作關係，我經常會接到對某種問題擔心的女性來函，經由解釋才知並非異常之後，這些女性即轉變為很開朗。擔心乳房大小的女性也很多，其狀況與本來的機能往往無直接關係。

②大膽與人研討也能減輕不安感

關於月經問題，也易造成各種煩惱。有些女性婚前經期不太規則，可是婚後卻情況好轉。有些女性有頻發月經的狀態，這種女性會很擔憂的向我請教，我答覆她：「剛開始有月經時，難免會發生這種現象，妳必須冷靜再觀察一段時期。」果然轉變為非常順利。可是有些女性卻始終擔憂度日，結果竟形成貧血現象，因而徒增了不安感。所以，若有疑問最好與醫師商討。

其他，青春痘、便秘也是很令人困擾的事。對於這一問題，深感困擾的年輕男女皆不少。所以，報上經常出現這方面的藥品廣告。

坦言之，至今仍未開拓治療青春痘的有效藥劑，大部分治療青春痘的特效藥，均以治療便秘而來緩和青春痘。有些人以藥劑來治療便秘，卻未必能治癒青春痘。我曾見過大便順暢者仍會長出很多青春痘。臉上有青春痘者，往往無意識中會以手去抓破它，應注意不可隨意抓破青春痘。

③便秘以運動和食物為最佳治療方法

如前面所說的，春春痘和便秘是否有密切關係是值得懷疑的，但是，仍應避免造成便秘現象。有些神經質者只要一天無通便就會擔憂不已。有些人認為，便秘會造成腐敗與發酵，而在體內被吸收之後，血液即混濁。聽了這種說法，更會令人擔心，結果始終擔憂自己的腹部，而荒廢了學業或事業，無法集中精神。

其實，縱使是二、三日的便秘也不必過分擔憂，工作忙碌者往往忘了自己的便秘現象。

我所知道的為便秘而擔憂者，大部分皆使用藥物治療，卻不想調整自己的生活方式，這種作法是不妥當的。譬如說，早晨起床之後，應做體操或步行一段路，如此的運動能有利於通便，亦即運動不足也會引起便秘。有些人檢討了自己每日的食物內容，才知缺乏蔬菜、水果類。

有些人為了便秘而煩憂，卻不請教他人。有些人認為，肛門就位於生殖器附近，若提及便秘問題，必定也會討論肛門或生殖器，因而深覺羞怯。在精神分析上，也往往會將肛門問題與性的問題相提並論，然而，肛門與生殖器是完全不同系統的器官。為了自己生活美滿與身體健康，若有疑問，仍應詢問醫師。

3. 影響手行為的是精神

①聽起來不雅的一句話

接著，談論「自慰」的問題。依照德文，自慰應寫成「Qnanism」，而英文應寫「masturbation」。以英文說並不刺耳，可是，以「自慰」這句話確實感覺不雅，似乎自己安慰的動作。

大約數十年前，人們仍認為自慰行為是一種罪惡。猶記年輕時代，有些朋友告訴我有關自慰的情況時，又順口說：「這是不良的行為！」我的父親即以這種行為向我提出警告，有時他會對我說：「睡覺時，手應置於棉背上！」當時，我並不介意，後來，我才感覺這似乎是一種自慰預防法。

當時的人也許將自慰行為視為對健康無益的行為，所以，認為正常者不應有自慰行為，又處於罪惡感情況下，且對精神健康無利，當然會造成精神上的疲勞。可是，隨著時代的進步，逐漸有人認為自慰行為對身體並無害，且這種主張愈來愈強烈。

根據美國金賽（kinsey）博士的報告，美國的男性中，幾乎百分之九十五以上的人都有自慰經驗，由此可見，大部分的男性都會有自慰的行為。若從這個統計數字而言，則反而有自慰行為者才是正常人。

自慰是指有意識地利用手或器具等刺激生殖器官，以尋求性高潮的一種性行為。自慰雖然只是個人的行為，但其引發的性反應過程和結果，與正常的兩性性交是完全相同的，同樣能得到宣泄衝動和釋放性張力的作用。

當男性進入青春期後，體力的性激素分泌增加，內外生殖器官不斷發育完成，精子發育能力逐漸旺盛，性衝動的性要求也隨之萌發。不過，此時的男性與結婚適齡相距尚遠，因此，性衝動和性慾作為一種生理本能，是無可回避的，也是很難長期壓抑的，自慰自然成為一種最好的解決方式。

自慰行為不但是成人，幼兒也會有這種現象。曾經有人來與我商討，即談論他的幼兒剛滿一歲就有自慰行為，且是位女孩。他告訴我，他的女兒伏在地上，以兩腳互相摩擦，如此陰部即受刺激，臉部都紅起來，甚至冒出汗水，依小孩而言，女孩比男孩較多有這種自慰行為。

青春期之後，女性比男性較多有自慰行為。東方的女性重視清潔，若有關生殖器問題時，則羞恥感較強烈，所以，有自慰行為者似乎並不多。

某些這方面的研究家指出女性較多自慰者，這種統計也許略誇大其詞。有些女性陰部發癢而以手隨意去接觸，卻也被置於統計數字內，我認為這種情況不應列入統計範圍內，由於這種情況正如偶爾耳朵癢以手指去挖。自慰行為應該是為了此種行為而期待恍惚感的狀態。雖然如此，進行自慰的女性，自己總是有著極大的不安感。

②人格重於物質

作病例報告時，且必須與因果關係有所連帶說明時，應慎重檢討，否則即毫無意義。我認為，有些夫妻生活不適，其原因除了自慰行為以外，精神上的因素也許更大。過分進行自慰行為的原因，必定有某種隱藏的精神因素。

對於這方面，也曾有人來與我研談，這些人有的自幼即對父母和子女間關係略有不滿，有的人是從兄弟姐妹的關係中懷有不安感。當他們聽我的解說之後，即改變了對雙親或兄弟的想法，同時，自慰頻度也減少了許多，變為很穩定的狀態。

我們經常可看到雜誌、報紙上登載有關性問題的說明，這些報告大部分根據某些學者的研究，可是從內容而言，似乎興趣與好奇的色彩過分濃厚，亦可說，加油添醋的報導太多了，也許因此才能吸引讀者。依據某些報告內容而言，顯示著異常狀態，可是卻又描述得很普遍一般，所以，有關性問題的技術往往已走了樣。

有的寫著自慰行為是良好的，也有的寫著是不良的，也有些自始至終討論是否會影響未來的問題。

關於這些理論，我認為終究是與一個人的人格有關，亦即受人格影響最大，所以，經常自省的人，總不至於發生很大的異常狀態，縱使產生某些困難問題，也能自己克服。因此，對於每一個問題無須過分擔憂。

況且自慰可以釋放性衝動，紓解性緊張，使心理和生理得到滿足，從某意義上來說，還可避免因性衝動而發生性犯罪。

③將特殊情況一般化的作法是不良習癖

現代的小說家往往對性的問題有著極大的興趣。最近二十年之間，小說中所描述的性問題，有的對性行為過分渲染而描寫得很細膩，也有的將很罕見的場合作為題材，而描述得很普遍化，這兩種情況均甚多，對於這種問題的追究、描述都以興趣為重點。

大概小說家也是迎合大眾對性問題的興趣，所以，才有此種歪曲描述，小說家深知這樣的作品總是非常暢銷。

我見到此種狀態時，深感痛心，認為性教育應作得更好才是。對於性的問題，如果大家能更了解，而認真思考性的本質，結果為了能正當的解決性問題，就會有適當的努力產生。倘若大眾的水準提高，則現代有關性的異常文學就會受到民眾唾棄。

根據最近的調查統計報告而言，男性幾乎都有自慰經驗，且大多數皆指出自慰行為對未來生活有不良影響，尤其強調女性的不良影響更大。

當然，我們不能忽視自慰的另一個問題，那就是一味沉溺色情，單純追求性刺激而毫無節制的手淫，甚至超過自己的耐受能力，這難免給身心健康帶來影響。因此，要自己經常反省而努力於自己的人格修正。

所以，偶爾的自慰行為並無大礙。如果認為自己的自慰行為略為過分，則應冷靜思慮何以使自己處於不安感，倘若有之，更應想法消除有關之因。

五、結論——經歷痛苦的經驗之後

1.令人懷念的年輕時代慕情

回憶著我的人生時，深感青春期之後有關性的問題，在我的內心佔了很大的分量。

開始時，男女的性別所產生的身體構造問題成了我的興趣中心。早在小學高年級時，我對女學生已產生思慕之情，如今仍感覺這種情感是很美好的，值得追憶，也許由於我沒有妹妹，才會對這方面更存有思慕之念。

對異性的思慕之情自然的從那時即產生了，因而我接連對數位女學生有了深刻的印象，而在內心往往無法消除她們的形象，至今我仍能回想起當時印象較深刻的女學生面貌，由此可見，我的孩童時代對女性存有相當的關懷。

我的兒子——你究竟對什麼樣的女性較為關懷？亦即什麼樣的女性較能引起

你的注意？

到了青年時期，我就想著如果能獲得異性的好感該有多好？因此，逐漸重視自己的服裝儀表。例如穿著燙得整齊的褲子，必須面對鏡子將帽子戴端正。猶記得幼年時，我總是隨意將帽子往頭上戴，然而後來卻很重視帽子是否戴得端正。早晨上學之前，戴上帽子就順便看了鏡中的自己相貌。

我如此說並無想要戲弄自己之意，當然也並非藉此問題使你聽得臉紅。如今仍認為這才是真正的青年人的行為。我現在經常回憶青年時期有些作為確實令難忘。最近，你也開始注重穿著，而必定要穿著燙得整齊的褲子。我也曾與你同樣有過這種時候，是於中學時代。後來，帽子又故意不戴端正以表英雄般的氣概，甚至衣釦也不扣，記得我的學長大部分都是這種穿著打扮，因而我也不知不覺地模仿，且自覺這樣才更具魅力。

如果你看到當時我的穿著打扮，也許誤以我是不良少年，但是，我當時確實自認如此才具有男性氣概，這是至今最懷念的部分，但是，當時那種憧憬不會再來了。

當時，我的父親時而會對著我，說：

「你目前應為學習用功，這是最重要的事，惱海裏不要始終想著女學生。」

依照你祖父的指示，當然更能集中精神努力於學業，但是，很慚愧！我有時仍會思念著女學生，卻又無特定的某位女學生，只是認為能給予異性良好的印象即可滿足，可是，那個時候仍是男女分校，校內並無異性學生，因此，上、下學時，在路途中見到女學生時，總是想著她們是否感覺我很有魅力。

偶爾考試成績不佳時，我的腦海裏又強烈的浮現父親警告，而隨之產生一種罪惡感，有時自言自語的說——就是思念女學生而精神無法集中，所以，考試成績才欠佳，真應該聽從父親的忠言。這種事出現數次，我卻仍舊如此，往往就會胡思亂想著異性的問題。

如今回憶，仍記得道德的感情和必須學習用功的想法，經常在我內心裏戰鬥著。當時的心裏總思念著路途上的某女學生，可是表面上仍偽裝著一派正經的翻開書本認真用功，否則被父親察覺，我又要緊張了。當時的情況若誇大的表示，可說我正處於三重苦痛的處境中。

2. 衷心欣賞文靜的女性

當時，我感覺什麼樣的女性最魅力呢？我喜愛又內向又文靜的女性。我曾閱讀某作家的信，其中一封信是寫給「文小姐」，文小姐是他的未婚妻。我閱讀了那封信後，確實衷心佩服，在此引用這封信的其中部分內容，將我當時的情況讓你了解。其中部分內容如下：

文小姐：

一段時間未與妳謀面，妳卻又略長高了些，依我的感覺似乎也略胖了些，這樣自然的發育成長是極良好的，妳並無須減肥。雖然身體增長，可是，妳卻能維持小孩的心，很自然又親切的心，切勿如一般社會人士拘泥於小事而變得很聰明一般，千萬不要像××小姐那般狀態，雖然那位小姐嬌小又聰明，可是，我卻厭惡那種人，由於從那種人的身上找尋不到誕生之後的天真率直，所表現的伶俐聰明，是受社會污染投機取巧的聰明性，並無率直的一顆心，這就是我惡厭的原因，因此，切勿喪失正直之心而繼續成長。

想要達成我所說的，並不困難，亦即維持原本的自然狀態而已。我認為始終維持這種狀態才是最好的人。我喜歡自然天真的文小姐。我敢斷言目前的文小姐比任何人更佳。

了不起的女人——小說家、畫家、作家或擔任婦女會幹事的女人——大多數都是表面功夫，自認不可一世的愚蠢傢伙。妳更不必模仿她們。仍應順其自然、不矯飾，維持自然狀態，且率直的生存下去，這才是最高尚的人。無論任何時候都應維持此種狀態。現在的文小姐即比十位××小姐合在一起的狀況更不了起。我多麼盼望妳能維持現狀，僅須如此，即可令我深覺滿足。同時，也認為妳比任何人偉大，至少在我眼裏並無他人能比得上妳。

當我十七歲時閱讀了那封信。如一代文豪這種具有才華者對未來的結婚伴侶也能不厭其煩的書寫長信。我一想到此種情況時，似乎才真正見到男人的心一般。當然，上了年紀的我，如果再次閱讀這封信，也許感覺又不同，可能想要評論之處也不少。可是當時，我閱讀了這封信之後，深感欣慰，由於這封信正表現了我的心情，喜愛優雅且能維持自然的女性，而不重視伶俐聰明的那種男人意境，同時，也輕蔑懂於世故的那些女人心境。這一切作家的心境皆能喚起我的共鳴。對於我當時的情況，你又認為如何呢？

3.追求現實的身體與理想

父親告訴我：「思念女性就會妨礙學業。」這句話經常令我深感痛苦。的確，若不思念女學生，而用這些胡思亂想的時間來努力於學業，我相信成績必能更佳。雖然我也了解年輕人應努力用功，可是，不知為何仍會關心女性的問題，有時甚至會夢見女學生。

雖然如此，可是，這種自我矛盾心境也並非毫無意義。

後來，我對男性的身體、器官的關心也變得更強烈，當然，自己也會反省如此下去無害嗎？在我內心存有兩種矛盾的對立。此種情形使我又想到自己的人格問題，又出現了對這方面考慮的一個機會。隨著年齡的增加，對身體器官的關心也愈強烈。——有時，甚至胡思亂想著女學生的身體，若可能的話，必定看清她們的生殖器究竟是何種狀態。

想到此，又難免產生一股興趣，因而內心也出現了矛盾對立，這種對立狀況增加的同時，追求自己理想的意念也隨之加強。

理想愈高，對自己愈產生厭惡感，且感覺自己的人格似乎微不足道，也貶低了自己的價值感。在此種情況下，往往會厭惡他人而喜愛孤獨，這也是我的青年時代的一段時期。所以，當時我經常獨自行動，例如：至深山裏的小屋，無故請假不上學。此種情況依現代觀念而言，就是問題青年。

當時這種心理的矛盾使我深受苦惱，可是，如今憶起，才知由於當時對性的問題產生這種苦惱，因而才會更認真更慎重的檢討性問題。

對於這方面的問題，也許你的處境能比我更輕快。到了青年時期，人當然會產生性的慾求，很多父母親都能了解這種狀況。當然！我也十分了解你的狀況，至少我過去所體驗到的問題，你也體驗到，可是，卻沒有與我同樣的苦惱吧！如今大家都認為「性」是為人必定會產生的現象，在小說、電影、書籍中，都會很大膽的描述、表現，因此，你對自己的性問題不會有任何不安感，此種情狀對你而言，我也無法判斷是否有利無害，也許促使你產生一些不良的刺激，可是，從另一方面而言，只是該發生的問題會來臨而已。

當時，我的理想愈高，則現實的挫折愈多。即使到了人煙稀少的偏僻地方，也無法逃避性衝動，甚至也會夢幻著女性的身體。成年之後，在社會上往往會聽到一些卑猥的談論，且自然會集中精神注意聽。看到一些下流的黃色書籍時，表面上不敢大膽去翻閱，可是，內心卻很想翻閱它，在這種時刻裏，我的內心會十分苦痛，而在苦痛中對女性的興趣並不減少。

關於性方面，到了大學就讀醫學院時即存在有科學方面的知識，對我而言，是極其幸福的。對於男性的身體差異問題，我已能正正當當的立足於科學立場來追究，由於我們醫學院的學生會有很多如此的機會。

過去一知半解的男女的性神秘性，如今會赤裸裸的出現於我的面前，我終於了解人的身體構造確實很巧妙，原本愈覺得神秘的部分就會發覺其機能愈巧妙，同時也更了解性的現象。

由於我有這種環境和知識，因此，希望教導你而給予你正確的性知識。

雖然有了正確的性知識，可是，年輕人仍無法從感情中脫離了性問題。前面也曾提過，近年來的科學已告訴我們：「性慾中樞位於腦子裏。」同時也告訴我們：「男女的性慾發覺機構並不同。」只要性慾中樞受刺激，則對性的情感即隨之產生。面對異性仍以各種情況而會受到或多或少的刺激。

4. 建立家庭的伙伴

想要獲得理想的幸福家庭，必須追求一位能共同建立家庭的好伙伴。追求好伴侶的思考在青春期雖然顯得很默然，可是，卻已存在著，這種思考隨著結婚年齡的接近也逐漸更有具體性。針對建立家庭的對象要求，即包括對方的性格、健康、容貌等，當自己的要求愈高的同時，也會愈加檢討自己本身。

我始終對自己的容貌毫無信心，其原因也許我考慮心理方面的機會太多。我並不認為自己的個性非常良好。我對任何事總是缺乏穩定性，而依照目前的評論，我也許缺乏指導性，甚至缺乏包容性。我深覺缺乏很穩定的實現事物能力，如此，左思右想，而懷疑究竟什麼樣性格的女性能與我相配合，至此，使我產生了更大的不安感。

我又想著：「能與我相配的對象也許在命運中早已註定。」——現在回想起來，這種想法似乎很荒唐，但是，為了尋求心目中的理想伴侶，我必須遍歷，——當時這種心情極為強烈。

為了尋求對象而遍歷——這種情況十分特殊，由於當時的社會是「相親↓訂婚↓結婚」時代，但是，我仍堅決若不合乎我的理想絕不結婚。現代人也許已不認為這種狀況很特殊，但是，當時的社會卻不普遍。我之所以存有這種決心，是由於我有戀愛經驗使然。

我擁有類似戀愛的情感是始自大學時代，此戀愛不同於你們年輕人目前想像的戀愛，我喜歡的女性是個比我年紀小約十歲的可愛少女，她蓄著短髮的孩子頭，是位優雅的少女，我猶記這位少女的容貌，酷似我小學時覺得深奧魅力的一位女學生，因此，我幻想著能與這位少女結婚，使成為我理想中的女性，因而我開始計畫想要教育這位少女。

後來，我並沒有與這位少女結婚，我現在已不太了解當時的情況，但是，當時，我似乎突然思慮到教育她的可怕問題——也許此乃原因之一。未來的妻子也是必須與我終生相伴的女人，卻需要經由我自己來教育，對於這一問題再次思慮時，我突然害怕了，由於深感如此似乎會污染了這位少女。

——如此確切思考著，我不但轉變為消極，甚至略存恐懼心。若不考慮我自己的心情，那位少女的確是位天性良好的女性，至今我猶記憶深刻。所以，如今我始終與她維持純粹的友誼往來。

為了尋求理想的伙伴而遍歷，此種行為有助於性衝動之淨化。有時也會產生性衝動，但是，我卻能守住這份衝動，想以這份衝動奉獻給我的理想伴侶，這種觀念也使我的心淨化了許多。有時，我也被邀請至性慾對象的女性地方，而心意動搖，可是我仍克服了這種動搖之心，其原因是由於我充滿信心與希望，這種信心與希望就是在這個社會上，必定會有我的理想對象觀念。

於此情況下，和我結婚的就是你的母親。

第七章　青春期性測驗

讓我們以科學的態度及觀點來看以下的問題。

測驗1：以下四種說法那一個在醫學上是正確的？

①陰莖在普通的狀況之下，若不滿十公分則太短。

②陰莖在勃起後的長度，若不到十公分則不符合標準。

③陰莖的長度並沒有一定的標準，不論多長都不是問題。

④陰莖的長度雖沒有一定的標準，但在勃起之後若還不到五公分者，大致上可說是性器官短小。

測驗2：就男性來說——

①陰莖尺寸大的人，性能力較強。

②陰莖尺寸大的人，性能力並不一定較強。

測驗3：若動手術切除睪丸，則男性會變得如何？

①變得對女性完全提不起興趣。

②就算對女性有興趣，也無法勃起。
③就和普通男性一樣，既有性慾也能勃起。

測驗4：男性在興奮時陰莖會變硬勃起是因為：

①陰莖內充滿精液。
②陰莖內充滿精液和血液。
③陰莖充血。

測驗5：陰莖無法完全勃起，即所謂的陽痿是因為：

①荷爾蒙分泌不足所引起。
②位於脊髓下端附近的勃起中樞病變所引起。
③精力衰退所引起。
④心理上的原因所引起。

測驗6：以下的問題，A，B何者正確？正確者請填入□中。

	A	B	答
①	每次射精的精液量約3cc。	每次射精的精液量約6cc。	
②	精液中精子的數量每cc約有一億左右。	精液中精子的數量每cc約有十億左右。	
③	精液中含有男性荷爾蒙。	精液中不含男性荷爾蒙。	
④	精液為精子聚合而成的液體。	精液中為精子和其他物體合成的液體。	
⑤	精子的大小長度約½公厘。	精子的大小長度約1/20公厘。	

測驗7：以下何者正確？

①男性自慰後，會變得神經衰弱、身體虛弱，因此絕對不可為之。

②男性的自慰只是一種生理性的行為，一週兩次或三次並不會有什麼問題。

③男性若是沒有自慰而積存精液，反而對身體不好，最好每天都做。

④男性若是自慰頻繁、過度，陰莖會變小，精力也會減退。

測驗8：所謂的月經是——

①下一次排卵的前兆。

②約莫是排卵中的一個信號。

③證明在兩週前有排卵。

④證明在兩週後即將排卵。

測驗9：所謂的月經週期為——

①月經開始的第一天，直到下次月經第一天的日數。

②月經結束的次日開始，直到下次月經開始的日數。

③月經第一天，直到下次月經開始的前一天的日數。

測驗10：女性性器官的尺寸——

①子宮的長度——

Ⓐ約15公分。Ⓑ約20公分。Ⓒ約5公分。Ⓓ約8公分。

②陰道的深度——
Ⓐ20～25公分。Ⓑ7～8公分。Ⓒ14～17公分。
③卵巢的大小——
Ⓐ如蘋果般大。Ⓑ如十元硬幣大小。Ⓒ如拇指大。

測驗11：處女膜即是覆蓋處女膜腔開口的一層膜，其面積為——

①約如陰莖的大小。
②約如大人的食指一般。
③約可放入兩根食指。

測驗12：在現今處女膜手術普遍的時代，以下的女性何者才是真正的處女。

①雖然有過幾次與男性發生性關係，但是處女膜並未受到損傷的女性。
②因為月經處理不當而傷及處女膜的女性。

③在幼兒時期曾被男性碰過私處的女性。
④曾有過同居經驗，但曾經動過整型手術而處女膜完整的女性。

測驗13：請將一些有關性方面的俗語和古語和下面的現代語連結起來。

A、育嬰中心　①包皮
B、三角地帶　②子宮
C、命根子　③好色的女人
D、潘金蓮　④女性陰部
E、水龍頭　⑤陰莖

測驗14：通常在美國各州法律視之為合法的行為是——

①、口交。
②、同性戀。
③、自慰。

④、婚外性行為。

⑤、墮胎。

測驗15：以下請選出正確的。

①女人喜歡溫柔、絕不生氣的男人。

②女人和大男人主義的人結婚覺得最幸福。

③女人雖喜歡男人溫柔，但有時也對帶著稍微強迫態度的男人產生好感。

測驗16：以下是美國學生日常會話中常用的字，相當於中文的哪一句？

① PIN　Ⓐ互訂終身的關係

② SHOTGUN BRIDE　Ⓑ兩人一起租房子住

③ SISSY　Ⓒ釣馬子

④ PICK UP　Ⓓ已經懷孕的新娘

⑤ SHARE　Ⓔ娘娘腔的男人

測驗17：把下列文中①～⑦填入適當的文字。

愛撫可分為①愛撫，它主要是指上半身的刺激與愛撫，另外一種是②愛撫，包括③的刺激，但這種行為原來是具有④準備的特質，如果進行得太過於⑤，很可能會無法⑥，而妨礙到性器官的⑦。

（煞車、輕度、性器官、激烈、性行為、結合、強度）

測驗18：以下的文字有那些不包括在愛撫的範圍內？

接吻、射精、乳房愛撫、性器愛撫、性器官結合、高潮、擁抱。

測驗19：以下列舉的有哪些是屬於黏膜？

舌頭、乳頭、陰莖龜頭、小陰唇、處女膜、包皮、陰囊、口腔。

測驗20：以下三種接觸以那種最有性的快感？

①黏膜與黏膜的接觸。

②黏膜與皮膚的接觸。

③皮膚與皮膚的接觸。

測驗21：分析性行為的進行順序，約可分為以下10項動作，請將後面的選項分別填入適當的空格中。

①前戲→②女性外陰部愛液增加→③□→④□→⑤性交運動→⑥□→⑦□→⑧後戲→⑨□→⑩□

Ⓐ男性性器官勃起消失　Ⓑ高潮　Ⓒ射精　Ⓓ性器官結合

Ⓔ男性性器插入　Ⓕ性器官分離

測驗22：第一次性行為沒有想像中來得順利是——

①做為男人的恥辱。

②有性無能的可能。

③很平常沒什麼好在意的。

測驗23：請連結下列有關性行為的文字與說明——

①早洩　②陽痿　③遲洩　④性冷感

Ⓐ在性行為時沒有辦法感到快樂。

Ⓑ在性器官尚未結合時就射精。

Ⓒ性器官結合之後還是無法射精。

Ⓓ想要性交，性器官卻無法勃起。

測驗24：懷孕是始自女性的卵和男性的精子結合的那一刻開始，請將以下的空格填滿，完成這篇文章。

男性的□送入女性的□，到達子宮，更往上到達□，在那裡它平均有三天的壽命，這段期間若是卵巢有□排出，精子便蜂湧而上，但是其中只有一個可以進入卵子內，這也就是懷孕的第一步——受精。受精卵會沿著輸卵管徐徐而下，到達□後定住，從此就開始了二八〇天的懷孕期了。

①輸卵管、②子宮、③卵子、④陰道、⑤精子

測驗25：對於人工流產手術，你認為該在何時、何地，什麼樣的人才能進行？

①只要是成年的女性都能接受手術。

②只限於在優生保護法許可的範圍內由指定的醫生來進行。

③沒有任何限制。

測驗26：所謂的人工流產手術是由醫生從頭到尾肉眼所見的情形下進行的嗎？

①可以邊看邊動手術。

②有時候必須摸索著做。

測驗27：請用線連接以下兩組語句。

①保險套　②子宮壓定器　③膠凍狀殺精劑　④口服避孕藥　⑤I、U、D

Ⓐ女性自己插入陰道內使用的避孕器具。
Ⓑ為達到殺死精子目的而使用的避孕藥。
Ⓒ最新發明的避孕藥。
Ⓓ在子宮內放入異物的避孕法。
Ⓔ男性使用的避孕方法。

測驗28：性病在什麼情況下感染的機率較大？
請就淋病和梅毒兩方面來作答。

①接吻　②用手指觸摸乳頭　③強度愛撫的性器官接觸　④性行為　⑤握手

Ⓐ淋病　Ⓑ梅毒

測驗29：當你懷疑自己感染到性病時——

①到藥房買抗生素來吃。

②找專門的醫生診治。

③先到專門治性病的醫院檢查，如果必要時再接受治療。

Ⓐ自己覺得已經好了便可以停止治療。

Ⓑ已經治療了三個月，大概可以了。

Ⓒ繼續治療直到醫生說可以了再停止治療。

測驗30：性行為和酒精的關係——

①直接影響到腦神經，而減輕害羞的心理及放鬆心情。

②大量的酒精可暫時提高性能力。

③若是大量的話可以較為持久。

測驗31：你可知道所謂的好色之徒為何那樣好色嗎？

①幼兒時期遭到母親虐待而無意識造成的反效果。

②男性荷爾蒙過多。

③意志力較薄弱，且對性慾欠缺自制能力。

測驗32：以下何者正確？

①在床上無所謂禁忌之事，也沒有必要追求傳統。

②在床上男人應為紳士，女人應為淑女。

③在性行為上正常應該是男性為主動，女性為被動。

測驗33：男心的性是□，而女人的性卻是根據男人而特別量身訂做的。

請選出適當的語句填入右邊的空格中。

①未完成的大事　②現成的商品　③多彩多姿

測驗34：感染淋病之後會——

①感染後第三天左右，尿道會有膿流出，且排尿時會疼痛。

②感染三週之後，尿道會有症狀出現。
③感染一個月之後，尿道會有膿流出。

測驗35：男同性戀者一般都是——

①介於男性與女性之間的半陰陽人。
②男性荷爾蒙分泌不足所造成。
③只是因為他們有著奇怪的嗜好。
④人類繁衍失敗下的產物。

測驗解答：

1.④　2.②　3.③　4.③　5.④　6.①A、②A、③B、④B、⑤B　7.②

8.③　9.③　10①C、②B、③C　11②　12②和③　13A②、B④、C⑤、D③、E①　14③　15③　16.①A、②D、③E、④C、⑤B　17.①輕度、②強度、③性器官、④性行為、⑤激烈、⑥煞車、⑦結合　18.射精、性器官結合、高潮

19.舌頭、處女膜、口腔　20.①　21.③E、④D、⑥B、⑦C、⑨A、⑩F

22.③　23.①B、②D、③C、④A　24.⑤④①③②　25.②　26.②　27.①E、②A、③B、④C、⑤D　28.A③④、B①③④　29.③C　30.A、C　31.A　32.A

33.B　34.①　35.④

國家圖書館出版品預行編目資料

青春期智慧／朱雅安 主編

－初版－臺北市，大展，民99.03

面；21公分－（健康加油站；39）

ISBN 978-957-468-650-6（平裝）

1.青春期　2.青少年心理　3.青少年問題

397.13　　99000250

青春期智慧

ISBN 978-957-468-734-3

主 編 者／朱　雅　安
發 行 人／蔡　森　明
出 版 者／大展出版社有限公司
社　　址／台北市北投區（石牌）致遠一路2段12巷1號
電　　話／(02) 28236031・28236033・28233123
傳　　真／(02) 28272069
郵政劃撥／01669551
網　　址／www.dah-jaan.com.tw
E-mail／service@dah-jaan.com.tw
登 記 證／局版臺業字第2171號
承 印 者／傳興印刷有限公司
裝　　訂／建鑫裝訂有限公司
排 版 者／千兵企業有限公司
初版1刷／2010年（民99年）3 月

定　價／200 元

大展好書　好書大展
品嘗好書　冠群可期